内蒙古自治区高等级公路建设施工标准化指南系列

内蒙古自治区高等级公路建设施工标准化指南

第九分册　安全生产

内蒙古自治区交通运输厅
交通运输部公路科学研究所　组织编写

人民交通出版社股份有限公司
China Communications Press Co.,Ltd.

内容提要

本书为“内蒙古自治区高等级公路建设施工标准化指南系列”第九分册安全生产，编制目的是就高等级公路建设中的常见安全管理、临建设施安全管理、单位分部分项工程建设管理、安全内业管理、特殊与极端气候下的安全管理以及各种情况下的安全预案管理等内容进行系统的梳理，细化相关要求。本书主要内容包括总则、安全生产体系建设、施工安全、特殊作业安全、隐患排查治理与事故控制、个人防护与职业健康、标识标牌与安全标语，有助于提高公路项目建设的安全生产管理水平，促进安全生产标准化、科学化、规范化和系统化，实现安全与效益、安全与健康、安全与环境的有机结合，使人、机、物、环境处于良好的可持续性生产状态。

本书适用于内蒙古自治区新建、改(扩)建高等级公路项目的安全生产管理，也可供内蒙古自治区公路工程各参建单位、参建人员使用。

图书在版编目(CIP)数据

内蒙古自治区高等级公路建设施工标准化指南. 第九分册，安全生产 / 内蒙古自治区交通运输厅，交通运输部公路科学研究所组织编写. — 北京：人民交通出版社股份有限公司，2016.1

(内蒙古自治区高等级公路建设施工标准化指南系列)

ISBN 978-7-114-12938-4

Ⅰ. ①内… Ⅱ. ①内… ②交… Ⅲ. ①等级公路—道路施工—标准化管理—内蒙古—指南②等级公路—道路施工—安全生产—标准化管理—内蒙古—指南 Ⅳ. ①U415.1-65

中国版本图书馆 CIP 数据核字(2016)第 075934 号

内蒙古自治区高等级公路建设施工标准化指南系列

Neimenggu Zizhiqu Gaodengji Gonglu Jianshe Shigong Biaozhunhua Zhinan Di-Jiu Fence Anquan Shengchan

书　　名：内蒙古自治区高等级公路建设施工标准化指南　第九分册　安全生产
著 作 者：内蒙古自治区交通运输厅　交通运输部公路科学研究所
责任编辑：司昌静　张　洁
出版发行：人民交通出版社股份有限公司
地　　址：(100011)北京市朝阳区安定门外外馆斜街 3 号
网　　址：http://www.ccpress.com.cn
销售电话：(010)59757973
总 经 销：人民交通出版社股份有限公司发行部
经　　销：各地新华书店
印　　刷：北京市密东印刷有限公司
开　　本：880×1230　1/16
印　　张：10.75
字　　数：208 千
版　　次：2016 年 1 月　第 1 版
印　　次：2016 年 1 月　第 1 次印刷
书　　号：ISBN 978-7-114-12938-4
定　　价：48.00 元

本册编写人员

主　　编： 王　骁

副 主 编： 李　江　李星亮

参编人员： 康爱国　韩　磊　王晓涛　陈德智　余胜军　安春英　王　杰　姜云花　周震宇　傅燕峰　周荣贵　康新胜

前　　言

“十二五”期间,内蒙古自治区高等级公路建设事业取得了长足发展,“十三五”期间高等级公路建设任务依然十分繁重。为进一步规范公路建设项目施工管理,提高工程管理和技术水平,确保工程质量和施工安全,提升行业文明形象,同时响应交通运输部《关于开展高速公路施工标准化活动的通知》(交公路发〔2011〕70 号)要求,并结合 2011 年推行的《内蒙古自治区高速和一级公路施工标准化管理指南(试行)》及内蒙古自治区高等级公路施工的实际情况,内蒙古自治区交通运输厅组织编写了《内蒙古自治区高等级公路建设施工标准化指南》(以下简称《指南》)。《指南》共十一分册,分别为:工地建设、工地试验室、路基工程、路面工程、桥梁工程、隧道工程、交通安全设施、房建工程、安全生产、环保、管理。

本《指南》主要依据国家、工程建设标准化协会、交通运输部及内蒙古自治区交通运输厅等工程建设主管部门发布的与公路工程建设相关的文件、标准、规范、规程、指南和行业内采取的成熟、先进的施工工艺及管理办法,以及内蒙古自治区高等级公路施工管理中的特点和先进经验编写而成。

本《指南》未提及的,请参照现行相关的标准、规范、规程、规定执行。

本分册为《指南》第九分册安全生产,汲取了内蒙古自治区高等级公路施工管理中的成功经验,同时借鉴了其他省区高等级公路工程管理的科学方法。本分册共有七章内容,包括:总则、安全生产体系建设、施工安全、特殊作业安全、隐患排查治理与事故控制、个人防护与职业健康、标识标牌与安全标语。本分册由内蒙古自治区交通运输厅、交通运输部公路科学研究所主编。由于编制时间和编制水平所限,书中如有不妥甚至错误之处,请广大读者不吝指正。

本《指南》可供内蒙古自治区公路工程各参建单位、参建人员使用。各盟市对其中有关的具体指标可根据实际情况进一步细化和强化要求,对未尽事宜应予以补充完善。各有关单位和从业人员在使用本分册时,如发现问题或提出改进意见,请函告内蒙古自治区交通运输厅(地址:呼和浩特市地质南街 68 号,邮编:010010,联系电话:0471-6968635,电子邮箱:bgs@nmjt.gov.cn)或交通运输部公路科学研究所(地址:北京市海淀区西土城路 8 号,邮编:100088,联系电话:010-62079067,电子邮箱:jiang.li@rioh.cn)。

内蒙古自治区交通运输厅

2015 年 11 月

目　　录

1 总则

1.1 编制目的

为了规范内蒙古自治区高等级公路安全生产管理工作，提高高等级公路建设项目安全生产管理水平，促进安全生产管理的标准化、科学化、规范化和系统化，实现安全与效益、安全与健康、安全与环境之间有机结合，令人、机、物、环境处于良好的生产状态，并持续改进，结合内蒙古自治区高等级公路安全生产的实际情况，特制定本指南。

1.2 编制依据

(1)《中华人民共和国安全生产法》《建设工程安全生产管理条例》等国家有关安全生产方面的现行法律、法规。

(2)国家相关行业主管部门颁布的有关安全生产方面的现行标准、规范、规程、导则、指南、办法等。

(3)内蒙古自治区人民政府、相关行业主管部门颁布的安全生产管理相关文件。

1.3 适用范围

本指南适用于内蒙古自治区新建、改(扩)建高等级公路(本指南"高等级公路"是指高速公路、一级公路)建设项目。高等级公路的大中修工程及其他等级公路(本指南"其他等级公路"是指二级及二级以下公路)可参照执行。

1.4 基本要求

(1)各参建单位，必须坚持"安全第一，预防为主，综合治理"的安全生产方针，做到标本兼治，重在治本，体现"以人为本"的科学发展观。

(2)安全生产管理的目标是减少和控制危害，减少和控制事故，尽量避免生产过程中由于事故所造成的人身伤害、财产损失、环境污染以及其他损失，确保项目不发生重大安全责任事故。

(3)安全生产的原则，主要是"管生产必须管安全"原则、"安全具有否决权"原则、"三同时"原则(建设项目中的职业安全、卫生技术和环境保护等措施和设施，必须与主体工程同时设计、同时施工、同时投产使用)、"四不放过"原则(事故原因未查清不放过，当事人和群众没有受到教育不放过，事故责任人未受到处理不放过，没有制订切实可行的预防措施不放过)、"五同时"原则(企业的生产组织及领导者在计划、布置、检查、总结、评比生产工作的同时，同时计划、布置、检查、总结、评比安全工作)、"三个同步"原则(安全生产与经济建设、深化改革、技术改造同步规划、同步发展、同步实施)。

(4)各参建单位必须建立明确的安全管理制度、安全生产监督管理制度及办法并公示；施工单位应制订详细的施工安全指南和安全事故应急预案，并报送建设单位或监理单位；需要经安全生产监督管理部门审批的相关事宜应及时报备审批。

(5)根据相关安全方面的要求，对于要求开展安全风险评估的项目内容必须实施安全风险评估后方可开展下一步工作；其他有安全风险的项目，必要时也应实施安全风险评估。

(6)消防安全设施的设置,应满足消防的要求,并按当地公安消防部门的相关规定进行审批、报备。

(7)本指南所列的标识标牌有文字说明的,均应做蒙汉双语对照;附录所列图均为示意图。

(8)在使用和执行本指南过程中,应严格执行现行的相关技术标准、规范、规程、规定;在应用过程中如有更新,应以最新发布的内容为准。本指南未提及的,请参照现行相关的技术标准、规范、规程、规定执行。

2　安全生产体系建设

2.1　安全生产文化建设

2.2.1　安全生产文化建设的含义与目的

安全生产文化应作为各参建单位文化建设的重要组成部分，是保护生命和财产安全的重要保障，是文明施工、标准化管理的重要标志，是保护人的身心健康，实现安全、舒适、高效活动的理论与实践指南。安全生产文化，由物质文化、制度文化、行为文化和观念文化四部分组成。

安全生产文化建设是通过创造一种良好的安全人文环境和和谐的“人、机、物、环境”的关系，从而对人的不安全行为进行控制，以达到减少人为事故、实现安全生产的目的。安全生产文化的核心问题是“以人为本”，即保护人的身心健康，尊重人的生命，实现人的价值。

2.2.2　安全生产文化建设的目标与任务

（1）高等级公路安全生产文化建设的目标是坚持安全生产的方针、目标、原则，通过灌输“以人为本、规章至尊”的安全理念，使全体参建单位逐步形成“预防为主、我要安全”的安全文化，遵章守纪、规范操作的安全行为文化，科学严密、切实可行的安全制度文化，形成完善的安全生产管理体系、安全生产文化教育体系和安全生产防线。

（2）安全生产文化建设的主要任务。

①制订项目部安全生产文化目标，打造新的安全生产文化。

②规范安全教育体系，提高安全教育效果。

③建立安全保障网络，实现本质安全化。

④消除安全隐患，完善整改措施，提高事故防范能力。

⑤推广职业安全卫生和环境保护新技术，保护员工身心健康。

⑥建立安全风尚和道德规范，规范安全行为。

⑦塑造各单位安全理念，树立项目安全形象。

2.2.3　安全生产文化建设的方法

（1）应充分发挥各种载体的作用，广泛宣传安全生产文化建设的目的、意义及重要性，宣传安全生产文化建设的目标、步骤及实施方法；同时通过开展安全图板展示和教育等竞赛活动，吸引各单位人员积极参与，促进安全生产文化有效传播。

（2）根据安全生产文化建设的不同要求，采取相应的手段和措施，大力开展培训工作，形成全员、全过程、全方位的安全意识，规范各类人员的行为。

（3）整合提炼安全理念，通过各种媒体和各种形式进行学习宣传，结合以往相应案例，进行有效教育，努力使安全理念入脑入心，融于行动，形成统一的价值取向。同时，应自觉遵守和践行安全理念，养成遵章守纪的良好习惯。

（4）应建立完善适合项目实际、责任明确、覆盖全面的安全管理制度，建立上下结合、奖惩严明、各层次有效监督的劳动保护监管体系。应严格按照安全责任制和安全管理制度要求，结合国家安全管理有关规定整编本单位的安全管理制度，并从严抓好制度的落实。

(5)通过不断引进新技术、新装备、新材料，创造良好的安全生产环境，争创文明施工、行为规范的操作环境。应通过文化建设，展现安全生产文化内涵，营造浓厚的安全生产文化建设氛围。

2.2　教育培训

2.2.1　入场教育

(1)凡新入场的施工人员，必须接受三级(项目部、工区、班组)安全教育。

(2)项目部级安全教育，由安全环保部负责组织，具体教育内容为环境保护常识，防毒、尘、噪声等知识教育及防护器材的使用，教育时间不少于2课时；消防、灭火知识教育及灭火器材使用，时间不少于2课时；关于国家安全生产方针、政策和安全生产管理制度、生产特点、典型事故教训等的教育，时间不少于2课时。凡经项目部级安全教育并考试合格者，才可持"安全教育卡"接受二级、三级安全教育。

(3)工区级安全教育，由工区专职安全员负责组织，教育内容包括安全生产特点、安全技术规程和安全生产规章制度、事故教训、注意事项及要求等，时间不少于36课时。

(4)班组安全教育，由班组长负责组织，班组安全员进行教育，教育内容包括岗位安全操作法、事故案例及预防事故措施，安全装置及器具、个人防护用品使用方法等，时间不少于24课时；对于危险性较大的岗位不得少于48课时。

(5)项目部内部工作调动、岗位变动及脱离岗位6个月以上返回岗位者以及使用新工艺、新技术、新材料、新设备的从业人员，应进行专门的工区、班组级安全教育与培训；工区内部岗位变动，应进行班组安全教育。

(6)经三级安全教育合格、建立安全教育档案后，凭"安全教育通知单"领取劳动保护用品，才可进入生产岗位。

2.2.2　特殊工种教育

(1)从事电气、锅炉、焊接、起重、机动车辆驾驶、爆破、脚手架等特殊工作人员，必须由各主管部门组织进行专业安全技术教育，经过专业培训，获得合格证书后，方准持证上岗。

(2)对特殊工种人员，主管部门应按规定年限进行培训复试，以专业安全技术和灾害事故案例为主要内容进行教育。

(3)在新工艺、新技术、新设备应用前，应按新的安全操作规程，对有关人员进行安全技术教育，考试合格后才可上岗操作。

(4)发生重大事故和恶性未遂事故后，主管部门应组织有关人员进行事故现场教育，吸取经验教训。

2.2.3　日常教育

(1)各级领导应对工作人员进行经常性的安全教育，以增强员工的法制观念，做到遵章守纪，确保安全生产。

(2)安全环保部应利用宣传板报、事故现场会等多种形式，广泛地对工作人员进行安全教育。

(3)项目部应定期组织开展安全活动。

(4)对重大危险性作业，在作业前，施工管理部门和安保部必须再对施工人员进行安全教育，否则不得作业。

2.3 安全生产保证体系

2.3.1 安全生产保证体系(图 2-1)

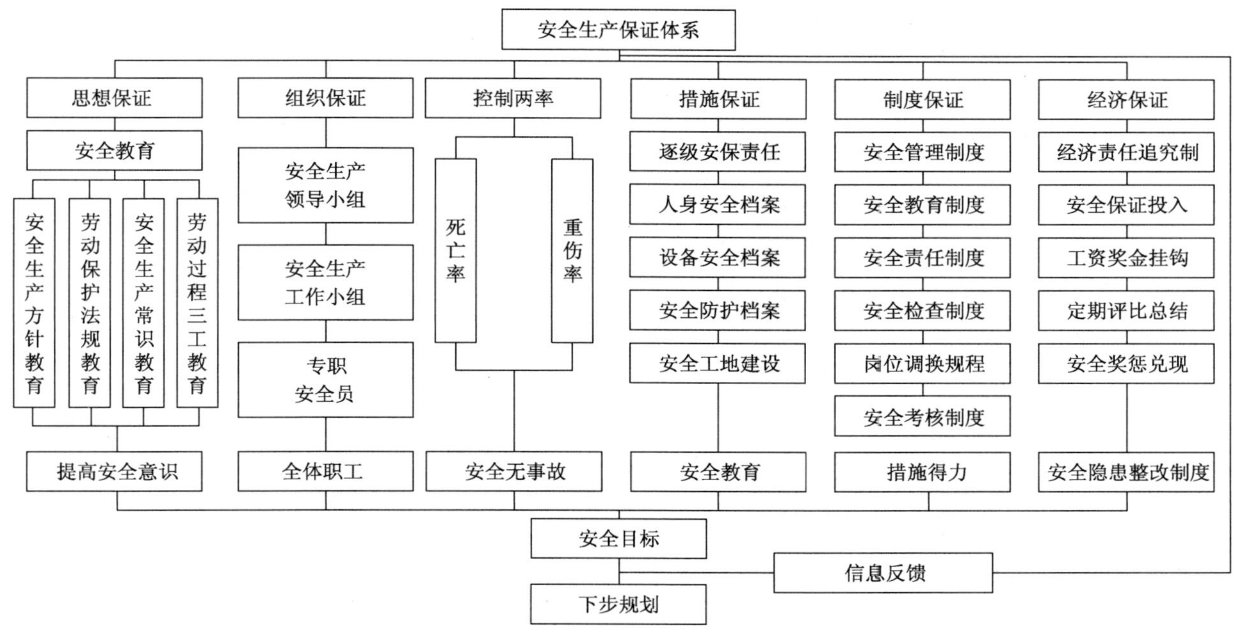

图 2-1 安全生产保证体系

2.3.2 安全组织机构设置和人员配备

高等级公路建设项目安全生产实行二级领导管理,应分别成立安全生产管理机构。第一级安全管理机构为建设项目安全生产领导小组,由建设单位、监理单位、施工单位组成,并明确各组成单位的职责。第二级安全管理机构为安全生产工作小组,由建设、监理、施工单位分别组建。

1)建设单位

建设单位安全生产工作小组,由相关职能部门主要人员组成,应明确各部门职责,并依据项目投资规模和相关要求,配备一定数量专职安全管理人员。为了更好地开展安全管理工作,专职安全管理人员宜持有有效的交通运输部安全培训考试合格证书。

2)监理单位

监理单位安全生产工作小组,由相关职能部门主要人员组成,应明确各部门职责,并依据所承担的监理任务配备一定数量专职安全监理人员,其中安全监理工程师不少于 1 人。总监理工程师、驻地监理工程师及安全监理工程师须持有有效的交通运输部安全监理培训考试合格证书。

3)施工单位

施工单位安全生产工作小组,由相关职能部门主要人员组成,应涵盖领导层、各部门、作业层三个层次,明确各部门职责。项目应按每 5 000 万元合同额配备 1 名专职安全员,不足 5 000 万元的至少配备 1 名,每个施工作业班组须指定 1 名兼职安全员。项目主要负责人(项目经理、副经理、总工程师)、专职安全生产管理人员,须取得交通运输部考核合格证书才可上岗,其中施工企业主要负责人应持有有效的交安 A 类证书,项目负责人应持有有效的交安 B 类证书,专职安全员应持有有效的交安 C 类证书,并满足《关于印发公路水运工程施工企业安全生产管理人员考核管理办法的通知》(交质监发〔2009〕757 号)的相关要求。

2.3.3 参建单位职责

1)建设单位

(1)制订安全管理目标与安全工作计划。

(2)建立健全安全管理组织机构和各项安全管理制度。

(3)确定科学合理的建设工期。

(4)对监理单位专职安全监理人员、施工单位的安全负责人和专职安全生产管理人员进行资格审查。

(5)督促监理、施工单位对从业人员进行安全教育、技术培训。

(6)对监理、施工单位安全生产进行检查与考核。

(7)定期召开安全生产例会(详见后文“日常管理”一节)。

(8)组织编制建设工程总体安全预案并组织演练。

(9)监督、检查安全生产费用的使用情况。

(10)完成法律法规赋予的其他职能。

(11)配合政府监督部门对本项目的安全检查及事故调查处理。

2)监理单位

(1)建立健全安全管理机构及各项安全管理制度。

(2)制订安全监理计划和安全监理实施细则,必要时制订专项安全监理计划。

(3)检查施工单位安全教育、培训工作以及班前会开展情况。

(4)审查施工单位安全管理人员、特种作业人员资质。

(5)审查施工单位特种设备使用前的验收手续。

(6)检查施工单位安全生产制度落实情况,排查施工现场安全隐患,并督促整改。

(7)审批重大安全技术方案及专项施工方案。

(8)审核安全生产费用投入及使用情况。

(9)定期召开安全生产例会(详见后文“日常管理”一节)。

(10)配合政府监督部门对项目的安全检查及事故调查处理。

(11)完成法律法规赋予的其他职能。

3)施工单位

(1)制订并落实安全生产管理目标与安全工作计划。

(2)建立健全安全管理组织机构及安全保障体系,配备足够数量的专职安全员。

(3)制订重大安全技术方案及专项施工方案。

(4)制订并落实各项安全生产管理制度和操作规程。

(5)落实安全教育、培训,做好安全技术交底、班前会工作。

(6)对危险源进行辨识、评价,制订预防措施,开展应急演练工作。

(7)定期和不定期进行安全检查,对施工现场安全隐患进行排查整改,落实各项安全措施。

(8)制订安全生产费用使用计划,保证安全生产费用足额投入、正确使用。

(9)定期召开安全生产例会(详见后文“日常管理”一节)。

(10)按规定对特种人员、特种设备进行管理。

(11)配合政府监督部门,对项目的安全检查及事故调查处理。

(12)完成法律法规赋予的其他职能。

(13)施工单位必须对建设单位提供的图纸及相关技术文件加强审查,有异议或建议的应及时书面提出。

2.3.4 安全管理制度

(1)各参建单位,应贯彻落实“安全第一,预防为主”的方针,加强基础工作,强化监督管理;应根据现行法律法规及工程实际，建立健全安全管理体系，制订安全管理制度和安全管理计划，落实安全管理责任。

（2）建设单位制订的安全管理制度，应主要包括安全生产责任制度、安全生产例会制度、安全检查考核制度、重大事故隐患治理制度、安全经费管理制度、事故应急救援制度以及事故报告制度等。

（3）监理单位制订的安全管理制度，应主要包括安全监理责任制度、安全监理例会制度、安全检查督促整改制度、安全教育培训制度、安全监理交底制度、安全技术措施和专项施工方案审查制度等。

（4）施工单位制订的安全管理制度，应主要包括安全生产责任制度、安全教育培训制度、安全生产技术交底制度、安全生产检查及隐患整改制度、安全专项经费保障制度、安全生产例会制度、特种作业人员管理制度、特种设备管理制度、安全技术措施和专项施工方案编制与报批制度、安全奖惩制度、临时用电管理制度、消防管理制度、应急救援制度、安全事故报告制度等。

2.3.5　安全生产的日常管理

1）建设单位

（1）建设单位必须明确各级领导和部门、岗位的安全职责，层层落实，签订安全责任书，并制订相应责任考核制度和办法；与中标单位签订安全生产合同，约定各自的安全生产管理职责。

（2）工程项目开工前，建设单位必须按照现行《公路水运工程“平安工地”考核评价标准（试行）》规定的内容，认真组织开展项目安全生产条件核查，提出核查意见，并向负责监管的交通运输主管部门备案。严禁安全生产条件不达标的工程项目开工建设。

工程项目开工后，建设单位必须按照现行《公路水运工程“平安工地”考核评价标准（试行）》规定的内容，每半年对所有施工和监理合同段组织一次“平安工地”考核评价，建立考核评价台账，对于已发现的问题责令限期整改。考核评价记录和结果必须存档，并将结果向负责监管的交通运输主管部门备案。

（3）建设单位必须按有关规定及合同约定，对监理、施工单位的安全行为加强管理。建设单位每季度应至少组织一次安全大检查，并对监理、施工单位安全生产责任履行情况进行考核评比。根据季节和专业安全预防特点，应坚持季节性、专业性的不定期安全检查，对易发生安全生产事故的工程及施工作业环节，必须进行重点检查。每次检查后形成检查通报。

建设单位必须对检查中发现的问题做好详细记录，并以书面方式通知存在问题的单位限期整改，并对整改落实情况组织复查，签署复查意见。

（4）建设单位每季度应至少组织一次安全生产工作例会，临时性的重要工作应有专门会议部署，并应建立会议台账，留有会议记录。

（5）建设单位必须明确安全生产费用的使用范围、计量支付条件及程序，并根据监理工程师签认结果及时支付安全生产费用，定期或不定期对施工单位安全生产费用使用情况进行检查。

（6）建设单位必须建立本项目应急组织机构，制订本项目安全生产事故总体应急预案，并组织本项目应急演练；组织开展事故应急知识培训和应急宣传工作；负责联络气象、水利、地质等相关部门，协助项目施工单位提供预测预警信息；对施工、监理单位的应急工作进行督促检查；发生安全生产事故后，及时组织、协调、落实各参建单位用于应急抢险救援的物资、设备和人员，听从交通运输主管部门指挥，配合安监、公安、消防、卫生等部门开展现场救援，控制事故的蔓延和扩大，并保护事故现场；按规定向有关交通、安监等部门报送事故情况，配合事故调查、分析和处理等工作，开展应急总结及组织恢复重建工作。

2）监理单位

（1）监理单位必须明确驻地监理工程师、副驻地监理工程师及安全监理工程师、专业监理工程师及监理员的安全监理职责，签订全员安全监理责任书，并每月组织内部安全监理工作责任制考核。

（2）监理单位必须根据所辖施工标段工程实际，编制本监理标段安全监理计划和安全监理实施细则。

（3）监理单位必须按照法律、法规和工程建设强制性标准，对施工单位编制的危险性较大工程专项施工方案、施工组织设计中的安全措施和施工现场临时用电方案及时进行审查、批复，并监督执行。审查必须留有审查记录，批复必须意见明确，签署齐全。

(4)监理单位必须每月组织一次安全知识学习,对监理人员进行安全意识、劳动纪律、专业技能等安全教育,每次时间不少于2h,并建立培训台账,留有培训记录。

(5)监理单位每月至少组织一次安全大检查,并根据季节和专业安全预防特点,坚持季节性、专业性的不定期安全检查。大检查必须由驻地办负责人带队,有关部门人员参加。必须对临时用电、消防、危险性较大的分部分项工程重点加强专项检查,应留有检查专项记录。安全监理工程师必须坚持进行日常巡查,填写巡视记录,发现存在安全事故隐患的,必须下达监理指令要求施工单位整改,必要时可下达施工暂停指令,并对整改落实情况组织复查,签署复查意见。施工单位拒不整改或不停止施工,必须及时向建设单位和有关部门报告。对于短时间难以消除的安全隐患,必须制订督促整改计划,并对整改期施工现场的防范措施进行检查。

(6)监理单位必须按照现行《公路水运工程"平安工地"考核评价标准(试行)》规定的内容,每季度对监理范围内各施工合同段独立开展"平安工地"考核评价,复核施工单位自查考核评价结果;同时,对本监理合同段进行自查考核评价。相应的复核和考核评价结果必须存档,并向建设单位报备。

(7)监理单位应每月召开一次安全监理例会,总结上阶段安全管理经验和存在不足,布置下阶段安全管理计划。

(8)监理单位必须定期检查施工单位安全专项经费落实情况,并对施工单位申报的安全专项经费计量资料及时审核签认,据实计量。

(9)监理单位必须建立健全安全监理台账,按规定填写监理日志和监理月报。监理单位必须将每次巡查、检查、旁站中,发现的涉及施工安全的情况、存在的问题、监理的指令及施工单位处理的措施和结果及时记入监理日志、监理月报和监理日常工作台账中。驻地办负责人必须对安全监理台账定期进行检查,并留有检查记录。安全监理台账主要包括监理安全管理制度台账、责任状台账、教育培训台账、安全监理指令台账、安全专项方案和应急预案审查台账、安全例会台账、监理日常工作台账等。

3)施工单位

(1)施工单位必须建立健全责、权、利明确的岗位安全责任制,明确各级领导和部门、岗位的安全职责,签订安全责任书,并制订相应责任制考核制度和办法;对项目安全生产目标进行分解,逐级签订安全工作责任状。总承包单位依法将建设工程分包给其他单位的,分包合同中应当明确各自的安全生产方面的权利、义务。

(2)施工单位应当每月至少组织一次安全生产工作例会,分析和总结上阶段安全生产情况,研究解决存在的问题,布置下阶段工作计划。安全生产工作例会必须有安全生产领导小组成员、专(兼)职安全管理人员等参加。安全生产会议必须建立台账,留有会议记录、影像资料和签到表。

(3)施工单位必须建立一线人员用工登记及安全生产培训台账,对接受安全教育的人员建立相应的档案。新进场人员上岗前,须经过三级安全教育和培训。作业人员进入新的施工现场或者转入新的岗位前,须重新接受项目经理部和班组的安全教育和培训。采用新技术、新工艺、新设备和新材料时,作业人员必须接受相关的安全技术教育和培训。未经安全生产教育培训考核或者培训考核不合格的人员,不得上岗作业。

施工单位对管理人员和施工作业人员安全生产教育培训情况必须有记录,培训时间必须符合下列规定:

①项目负责人每年不得少于30学时。

②专职安全生产管理人员每年不得少于40学时。

③其他管理人员和技术人员每年不得少于20学时。

④作业人员每年不得少于24学时。

⑤特种作业人员取得岗位操作证后,每年仍须接受有针对性的安全生产培训,时间不得少于48学时。

⑥新进场和换岗作业人员,在上岗前安全生产培训时间不得少于24学时。

(4)工程开工前,单位、分部和分项工程均须编制"安全技术交底通知书",向参加施工的人员进行安全技术交底,并履行签认手续。安全技术交底应主要包括下列内容:

①本项工程的施工作业特点、危险源和危害因素。

②相应的安全操作规程或安全技术措施。

③职业健康与环保要求。

④安全生产综合应急预案、专项应急预案或现场处置方案。

⑤其他应注意的安全事项。

班前会是安全交底重要内容之一。班组负责人在每天开工前,应进行班前安全讲话,向作业人员强调安全注意事项,并填写施工作业安全检查表。

(5)施工单位每旬至少组织一次安全大检查,并根据季节和专业安全预防特点,坚持季节性、专业性的不定期安全检查。安全大检查由施工单位项目负责人带队,相关部门参加,发现问题认真分析,找出原因,立即整改,同时应认真做好检查记录。对临时用电、消防、危险性较大的分部分项工程,必须重点加强专项检查,留有检查专项记录。专职安全员坚持每日进行现场巡视检查,对违章指挥、违规操作和违反劳动纪律的,以及现场安全防护不达标的,应立即制止,并详细填写安全日志。发现生产安全事故隐患,必须及时下达书面整改要求,并对整改结果进行复查,消除事故隐患。施工单位必须制订安全生产检查台账,记录安全检查情况以及整改复查情况。

(6)施工单位必须按照现行《公路水运工程“平安工地”考核评价标准(试行)》规定的内容,每月至少组织一次以“平安工地”建设情况、安全管理及工程现场安全生产情况为重点的检查,及时消除安全管理中的薄弱环节,自查考核评价;其结果必须存档留存,并向监理单位和建设单位报备。

(7)施工单位必须按照规定的安全生产费用使用范围安排使用,制订年度使用计划和月度使用计划,建立安全生产费用使用台账,同时存有采购清单、购置发票、发放记录等;定期编制安全生产费用计量报表,经项目负责人签字后报监理工程师审核。安全生产费用不得挪作他用。

施工单位必须为施工作业人员办理人身意外伤害保险。人身意外伤害保险不属于安全生产费用,直接计入工程成本。

(8)施工单位必须建立施工现场特种作业人员台账,并有到岗、离岗记录,收集齐全相关资格证书并备份。对电工作业人员、金属焊接切割作业人员、起重机械(含电梯)作业人员、起重信号工、场内机动车辆驾驶人员、登高架设作业人员、施工船舶作业人员、安装拆卸工、锅炉作业(含水质化验)人员、压力容器操作人员、爆破作业人员等国家规定的特种作业人员,须取得有效操作资格证书后,才可上岗作业。

(9)施工单位必须建立施工现场特种设备进场验收登记台账及设备检查、维修、保养、使用台账。起重设备使用前必须进行试吊,并做好详细的试吊记录。

在工程中使用的起重机、塔吊、压力容器等定型特种设备,必须检验并取得具有相应资质的检验检测机构核发的检验合格证书。对自行组装、改装的吊篮、挂篮、架桥机、提升式脚手架、滑模爬模等非标设备,必须组织有关单位进行验收,也可委托具有相应资质的检验检测机构进行验收;使用承租的机械设备和施工机具及配件的,由施工单位、出租单位和安装单位共同进行验收,合格后才可使用。验收合格标志,应置于该机械设备的显著位置。对非标设备在组装、改装过程中使用的钢丝绳、滑轮、保险、限位等产品和零部件应取得产品合格证。

(10)开工前,施工单位应进行危险源辨识及风险评价。施工单位对重大危险源应登记建档,进行定期检测、评估、监控,告知从业人员和相关人员在紧急情况下应当采取的应急措施。

施工单位应根据危险源辨识及风险评价结论,结合项目总体应急预案要求,制订有针对性和衔接性的本合同段应急预案(包括现场处置方案),建立本合同段应急组织机构,组建兼职应急救援队伍;配备必要的应急救援物质及装备;每半年至少组织本合同段员工开展一次应急演练和应急知识培训。

(11)发生安全生产事故后,及时按规定向有关部门报送事故情况,不得迟报、漏报、谎报或者瞒报,并如实登记事故报告台账;同时立即组织开展自救,保护事故现场(因抢救人员、防止事故扩大以及疏通交通等原因,需要移动施工现场物件的,必须做出标记,绘制现场简图并做好书面记录,妥善保存现场重要痕迹、物证,并应采取拍照或者录像等方式反映现场原状);需紧急救援时,应及时向当地交通、公安、消防、卫生等相关部门报告请求；配合事故调查、分析和处理工作，组织开展应急总结及恢复重建工作。当项目发生安全生产事故后，相邻合同段施工单位应在建设单位的统一指挥下，积极参与现场营救，同时必须采取措施加强本合同段的安全防范。

(12)施工单位在施工组织设计中应编制安全技术措施。施工现场临时用电设备在5台及以上或设备总容量在50kW及以上者应编制施工现场临时用电方案，附计算书和布设图。危险性较大的工程应当编制安全专项施工方案，附安全验算结果。施工组织设计安全技术措施、临时用电方案和安全专项施工方案经施工单位技术负责人、监理工程师审查同意签字后实施，超过一定规模的危险性较大工程安全专项施工方案，应组织专家进行论证，由专职安全员进行现场监督执行。

(13)施工单位应明确用电安全责任人和消防安全责任人，制订临时用电和消防安全管理制度和相关设备安全操作规程，配备消防设施和灭火器材，设置必要的警示、告知标识标牌。电工应对现场线路、设施等进行定期检查，填写巡视记录。

2.3.6　安全动态管理

1)岗位危险预知活动

分析现场工序中危险因素，找出人员的不安全行为，分析可能发生事故的基本原因，制订危险防范措施，对各班组人员做好安全技术交底工作。

2)创建标准化班组

以安全作业为重点，通过对班组施工方法进行评定，确认规范标准化班组。班组之间相互学习，改掉错误的习惯性做法，实现安全生产。

3)重点控制

项目部应对每个危险源制订控制措施，明确负责人，建立检查考核制度。班组应对危险源进行重点控制，发现问题及时整改，使危险源处于受控状态。

4)跟踪管理

严格执行各种安全作业规程，把作业的每个层次和各种职责分工制度化，作业程序化，加强管理密度，实现集约和精细管理。对本班组危险源进行跟踪控制，从事故苗头中寻找失控点，制订对策，杜绝重复性事故发生。

2.3.7　安全生产检查与验收

1)安全生产检查

(1)安全生产检查的方式为安全执法检查、日常安全检查、专项安全检查、季节性安全检查、验收性安全检查、工前工后安全检查、节假日安全检查等。

(2)安全检查过程，必须有相应的检查记录，主要包括班组安全检查记录、专职安全员检查记录和项目安全值班记录。

(3)安全检查发现的问题，必须立即下发“安全检查整改通知单”，通知单内容包括整改期限、整改内容、整改回复。

2)安全整改复查验收

(1)整改复查验收，应由专人负责，在整改期限内及时复查验收，按“安全检查整改通知单”提出的整改要求及整改情况逐项检查(包括检查现场及文字记录)，填写复查验收情况。

(2)安全生产检查、整改、复查验收，必须按要求完成，环节必须闭合，不得缺项。

(3)对上级领导检查发现的问题，施工单位整改完经驻地监理验收后，及时反馈。

3)安全技术方案实施情况验收

(1)施工单位自检验收。

①项目安全技术方案的实施情况，由项目总工组织验收，项目安全副经理和安全管理部门负责人参与。

②交叉作业施工安全技术措施的实施,由项目总工组织验收。

③分部分项工程安全技术措施的实施,由安全管理部门负责人组织验收。

④一次验收严重不合格的安全技术措施应重新组织验收。

(2)驻地监理验收。施工单位自验合格后,报驻地办进行验收。

4)设施与设备验收

(1)一般防护设施和中小型机械设备,由施工单位物资设备管理部门、安全员及现场监理共同验收。

(2)整体防护设施以及重点防护设施,由施工单位项目总工组织验收,自验合格后报驻地办安全监理工程师验收。

(3)以下防护设施、临时用电设施、大型设备需要在自检基础上,报请监理、业主或专业检验检测机构验收:

①20m 以上高大外脚手架、满堂红支架。

②吊篮架、挑架、外挂脚手架、卸料平台。

③整体式提升架、20m 以上的物料提升架。

④施工用电梯、塔吊、架桥机。

⑤临时用电设施。

⑥钢结构吊装吊索具等配套防护设施。

⑦$30m^3/h$ 以上的搅拌站。

⑧路堑开挖、石方爆破等施工防护设施。

⑨其他大型防护设施。

(4)验收要求。

①脚手架、扣件、脚手板、安全帽、安全带、安全网、漏电保护器、临时供电电缆、临时供电配电箱以及其他个人防护用品,必须有合格的试验单及出厂合格证明。

②脚手架、满堂红支架、龙门架等以及支搭的各类安全网的验收,由总工牵头组织技术、安全、物资部门和现场负责人等有关人员参加,经验收合格后,才可使用。

③高大脚手架及特殊支架、大型防护设施和临时用电工程,由批准方案的技术负责人组织,方案制订人与技术、安全、物资等部门有关人员参加,经验收合格后才可使用。

④起重机械、施工用电梯等特种设备的验收,经由取得国家专业资质的检测、检验合格,取得安全使用证,才可投入使用。

⑤因设计方案变更,重新安装、架设的大型设备及防护设施,须重新进行验收。

2.3.8 安全技术考核

(1)施工单位每半年组织一次安全技术考核,考核成绩予以公布。

(2)管理人员、工程技术人员的安全技术考核,由安全环保部负责组织进行。

(3)工人安全技术考核,由安全环保部负责组织,安全员具体执行。

(4)未经安全技术考核,一律严禁上岗作业。

2.3.9 安全生产费用管理

1)安全生产费用的提取

(1)安全生产费用,用于施工安全防护用具及设施的采购和更新、安全施工设施的落实、安全生产条件的改善、加强安全生产管理等。项目建设单位在编制工程合同文件时,应当确定建设项目安全作业环境及安全施工措施等所需的安全生产费用,建设项目安全生产费用,以工程建安费的预算价为计提依据,按 1.5%标准计提,并单列安全生产费用项目清单。

(2)建设单位对工程的安全防护、施工安全有特殊要求需增加安全生产费用的,应在合同文件中予以明确,并在安全生产费用项目清单中增列相应项目及费用。

(3)施工单位应当按照合同文件计列的安全生产费用项目清单报价,不得删减,且不得作为竞争性报价。

(4)建设单位必须在施工合同中明确安全生产费用的数额、项目清单、支付计划、使用要求、调整方式等条款(条款应满足国家及地方法规和规范性文件要求),并据此建立健全工程项目安全生产费用管理、计取和使用制度,明确安全生产费用管理、计取和使用的程序、职责及权限。

2)安全生产费用的支付

(1)建设单位必须制订具体的安全生产费用计量支付管理办法,明确对于不规范问题的严格处罚措施;安全生产费用必须单独计量支付(计量资料应含发票扫描件及相关支出证明材料);建设单位应不定期检查"安全生产保障物资"。

(2)建设单位应按相关规定,在监理工程师对工程安全生产情况确认后,根据监理工程师签认的项目施工单位安全生产费用使用计划、使用报表和计量资料及时预付、支付安全生产专项经费,确保安全生产经费及时有效投入。

①安全费用预付款与工程预付款同期支付。合同工期在一年以内的,预付安全费用不得低于该费用总额的50%;合同工期在一年以上(含一年)的,预付安全费用不得低于该费用总额的40%。

②除去预付部分剩余的安全费用,根据工程安全生产需要按实际计量支付。工程决算时安全费用实际投入使用少于合同中规定安全生产费用总额的,建设单位不得支付余额部分的安全生产费用,并应当根据具体情况有相应的处罚,处罚措施应当在合同中明确;安全费用实际投入使用超出合同约定的安全使用费用总额的,经监理工程师审核签字确认后,报送建设单位进行审核确认,超出部分的安全生产费用在合同总额的工程费用中予以计量支付。

③在项目施工过程中,项目建设、监理单位及上级主管部门对项目施工单位进行检查,发现安全隐患而施工单位未能在期限内完成整改的,由项目建设单位代为整改,所需费用在计提的安全费用中支付,并按项目建设单位的相关规定予以处罚。

④施工过程中出现工程变更,应当按施工合同约定或相关规定及时办理工程变更价款,按照批复变更金额的1%确定安全费用的增减,作为与其余安全费用同期支付的依据。

(3)施工单位应按有关规定及时申请安全经费的预支、计量和支付。施工单位在取得预付安全费用后,应按规定的范围购置安全防护用具、落实安全措施、改善安全条件、加强安全管理,并经监理、业主签认后及时计量。预付的安全费用从计量中扣回。

(4)监理单位应对施工单位申报的安全经费及时进行现场复核、计量和审查,并建立专项管理台账。

3)安全生产费用的使用

(1)项目施工单位须制订本单位安全生产经费使用管理计划,依据实际需要,保证安全生产经费及时有效使用。

(2)建设项目安全生产费用在以下范围内使用:

①完善、改造和维护安全防护设施设备支出(不含"三同时"要求初期投入的安全设施),包括施工现场临时用电系统,洞口、临边、机械设备、高处作业防护,交叉作业防护,防火、防爆、防尘、防毒、防雷、防风、防雪、防地质灾害,有害气体检测、通风,临时安全防护等设施设备支出。

②配备、维护、保养应急救援器材与设备支出和应急演练支出。

③安全生产检查与评价支出,组织安全隐患排查治理、安全评价费用等。

④重大危险源与重大事故隐患的评估、整改、监控支出。

⑤安全宣传教育、安全技能培训、应急预案评审、应急救援演练及安全生产科技创新活动等支出。

⑥安全设施及特种设备检测检验支出。

⑦其他与安全生产直接相关的支出。

(3)施工单位安全费用应当专户核算,优先用于满足安全生产监督管理部门及行业主管部门对安全生产提出的整改措施或达到安全生产标准所需的支出,并在规定范围安排施工安全费用,不得挪用和挤占。施工单位应根据规定要求，编报当月投入施工的安全生产费用使用报表（按项目清单编制，附相关凭证）及下月安全生产费用使用计划，经安全环保部负责人和项目负责人签字盖章后，与当月的工程款计量支付表同时报送监理工程师审核。

（4）建设单位、监理单位依据规定，对施工项目安全生产经费投入使用效果监督检查。项目监理单位应当对项目施工单位在施工现场落实安全费用的情况进行监理。

2.3.10 安全生产台账

施工单位应加强安全生产台账的管理，反映安全生产的真实过程和安全管理的实绩。安全生产台账内容主要包括：

（1）安全责任书（与主管单位及内部各班组签订的安全生产目标管理责任书、合同）。

（2）安全生产机构设置的文件（领导小组、安全组织等）。

（3）安全生产管理制度（安全生产责任制、安全技术措施计划、安全生产教育、安全生产定期检查、伤亡事故的调查和处理制度）。企业注册安全主任、安全员、班组长等岗位职责。

（4）上级有关安全生产管理部门制订和下发的制度性文件、通知、通报等。

（5）安全宣传教育培训、学习、活动资料。

（6）安全生产检查资料。

（7）安全会议记录。

（8）花名册：全员花名册，特种作业人员花名册。

（9）新工人（含民工和临时工）三级教育。

（10）机械、电气等设备管理资料。

（11）安全技术交底资料。

（12）爆破物品管理台账。

（13）事故应急预案、事故记录和报告资料，安全事故调查处理资料。

（14）安全设施和劳保用品购买、发放登记台账。

2.4 公路桥梁和隧道工程施工安全风险评估

公路桥梁和隧道工程施工安全风险评估工作，包括制订评估计划、选择评估方法、开展风险分析、进行风险估测、确定风险等级、提出措施建议、编制评估报告等方面；评估方法、评估步骤，可参照交通运输部《公路桥梁和隧道工程施工安全风险评估指南（试行）》。

2.4.1 评估范围

高等级公路桥梁与隧道施工前，应根据交通运输部要求，进行施工安全风险评估，评估范围包括：

1）桥梁工程

（1）多跨或跨径大于40m的石拱桥，跨径大于或等于150m的钢筋混凝土拱桥，跨径大于或等于350m的钢箱拱桥，钢桁架、钢管混凝土拱桥。

（2）跨径大于或等于140m的梁式桥，跨径大于400m的斜拉桥，跨径大于1 000m的悬索桥。

（3）墩高或净空大于100m的桥梁工程。

（4）采用新材料、新结构、新工艺、新技术修建的大桥、特大桥工程。

（5）特殊桥型或特殊结构桥梁的拆除或加固工程。

（6）施工环境复杂、施工工艺复杂的其他桥梁工程。

2）隧道工程

（1）穿越高地应力区、岩溶发育区、区域地质构造、煤系地层、采空区等工程地质或水文地质条件复杂的隧道,黄土地区、水下隧道工程。

(2)浅埋、偏压、大跨度、变化断面等结构受力复杂的隧道工程。

(3)长度3 000m及以上的隧道工程,Ⅴ级、Ⅵ级围岩连续长度超过50m或合计长度占隧道全长的30%及以上的隧道工程。

(4)连拱隧道和小净距隧道工程。

(5)采用新技术、新材料、新设备、新工艺的隧道工程。

(6)隧道改(扩)建工程。

(7)施工环境复杂、施工工艺复杂的其他隧道工程。

2.4.2 评估方法

(1)公路桥梁和隧道工程施工安全风险评估,分为总体风险评估和专项风险评估。

①总体风险评估:桥梁或隧道工程开工前,根据桥梁或隧道工程的地址环境条件、建设规模、结构特点等孕险环境与致险因子,评估桥梁或隧道工程施工期间的整体安全风险大小,确定其静态条件下的安全风险等级。

②专项风险评估:当桥梁或隧道工程总体风险评估等级达到Ⅲ级(高度风险)及以上时,将其中高风险的施工作业活动(或施工区段)作为评估对象。根据其作业风险特点以及类似工程事故情况,进行风险源普查,并针对其中的重大风险源进行量化估测,提出相应的风险控制措施。

(2)评估方法应根据被评估项目的工程特点,选择相应的定性或定量的风险评估方法。

2.4.3 评估步骤

公路桥梁和隧道工程施工安全风险评估步骤一般为:

(1)开展总体风险评估。根据设计阶段风险评估结果(若有),以及类似结构工程安全事故情况,用定性与定量相结合的方法初步分析本项目孕险环境与致险因子,估测施工中发生重大事故的可能性,确定项目总体风险等级。

(2)确定专项风险评估的范围。总体风险评估等级达到Ⅲ级(高度风险)及以上桥梁或隧道工程,应进行专项风险评估。其他风险等级的桥梁或隧道工程可视情况开展专项风险评估。

(3)开展专项风险评估。通过对施工作业活动(施工区段)中的风险源普查,在分析物的不安全状态、人的不安全行为的基础上,确定重大风险源和一般风险源。宜采用指标体系法等定量评估方法,对重大风险源发生事故的概率及损失进行分析,评估其发生重大事故的可能性与严重程度,对照相关风险等级标准,确定专项风险等级。

(4)确定风险控制措施。根据风险接受准则的相关规定,对专项风险等级Ⅲ级(高度风险)及以上的施工作业活动(施工区段),应明确重大风险源的监测、控制、预警措施以及应急预案。其他风险等级的桥梁、隧道工程可根据工程实际情况,按照成本效益原则确定相应的风险控制措施。

(5)形成风险评估报告。风险评估工作应形成评估报告,评估报告应反映风险评估过程的主要工作。报告内容,应包括评估依据、工程概况、评估方法、评估步骤、评估内容、评估结论及对策建议等。评估结论应当明确风险等级,可能发生事故的关键部位、区域或节点,事故可能性等级,规避或者降低风险的建议措施等内容。

2.4.4 具体执行

(1)施工单位应根据风险评估结论,完善施工组织设计和危险性较大工程专项施工方案,制订相应的专项应急预案,对项目施工过程实施预警预控。专项风险等级在Ⅲ级(高度风险)及以上的施工作业活动(施工区段)的风险控制,还应符合下列规定:

①重大风险源的监控与防治措施、应急预案经施工单位技术负责人和监理工程师审批后,由建设单

位组织论证或复评估。

②施工单位应建立重大风险源的检测及验收、日常巡查、定期报告等工作制度，并组织实施。

③施工单位项目经理或技术负责人，在工程施工前，应对施工人员进行安全技术教育与交底；施工现场应设立相应的危险告知牌。

④适时组织对典型重大风险源的应急救援演练。

⑤当专项风险等级为Ⅳ级（极高风险）且无法降低时，必须提高现场防护标准，落实应急处置措施，视情况开展第三方施工监测；未采取有效措施的，严禁施工。

（2）监理工程师在审查工程施工组织设计文件、危险性较大工程专项施工方案、应急预案时，应同时审查施工安全风险评估报告；无风险评估报告，不得签发开工令。工程开工后，监理工程师应督查施工单位安全风险控制措施的落实情况，并予以记录。对施工中存在的重大隐患应及时指出并督促整改，对施工单位拒不整改的，应及时向建设单位及公路工程安全生产监督管理部门报告。

（3）风险评估报告经监理工程师审核后应向建设单位报备。建设单位应对极高风险（Ⅳ级）的施工作业，组织专家或安全评估机构进行论证或复评估，提出降低风险的措施建议；当风险无法降低时，应及时调整设计、施工方案，并向公路工程安全生产监督管理部门备案。

（4）各级交通运输主管部门，在履行施工安全监督检查职责时，应将施工安全风险评估实施情况纳入检查范围，对极高风险（Ⅳ级）的施工作业应切实加强重点督查。

（5）公路桥梁和隧道工程施工安全风险评估，应遵循动态管理的原则，当工程设计方案、施工方案、工程地质、水文地质、施工队伍等发生重大变化时，应重新进行风险评估。

（6）施工安全风险评估工作费用，在项目安全生产费用中列支。

（7）公路桥梁和隧道工程施工安全风险评估工作，原则上由施工单位具体负责。当被评估项目含多个合同段时，总体风险评估应由建设单位牵头组织，专项风险评估工作仍由合同施工单位具体实施。当施工单位的施工经验或能力不足时，可委托行业内安全评估机构承担相关风险评估工作。评估工作负责人应当具有5年以上的工程管理经验，并有参与类似工程施工的经历。

（8）公路桥梁和隧道工程建设各方（包括建设单位、勘察设计单位、施工单位、监理单位等），应主动、及时、动态地进行风险管理，通过风险计划、风险识别、风险估计、风险评价、风险处理和风险监测，优化组合各种风险管理技术，确保风险评估全面、可靠，风险处理合理、有效，风险监测准确，反馈及时。

2.5 公路路堑高边坡工程施工安全风险评估

公路路堑高边坡工程施工安全风险评估应按《交通运输部关于发布高速公路路堑高边坡工程施工安全风险评估指南（试行）的通知》（交安监发〔2014〕266号）执行。主要注意事项有：

（1）列入国家和地方基本建设计划的新建、改建、扩建的高速公路，在工程实施阶段应进行路堑高边坡施工安全风险评估。

（2）施工安全风险评估分为总体风险评估和专项风险评估。总体风险评估应在施工图设计完成后、项目开工前完成。专项风险评估贯穿施工整个过程，可分为施工前专项风险评估和施工过程专项风险评估。

（3）施工安全风险评估，应根据路堑高边坡的特点，选择定性定量相结合的评估方法。

（4）路堑高边坡施工安全风险评估工作，除遵守《交通运输部关于发布高速公路路堑高边坡工程施工安全风险评估指南（试行）的通知》（交安监发〔2014〕266号）外，还应符合现行国家和行业相关法律、法规、标准、规范等相关规定。

2.6 施工组织设计安全技术措施与安全专项施工方案

2.6.1 施工组织设计安全技术措施的主要内容与基本要求

1）主要内容

（1）安全生产方针、目标。

(2)安全组织机构及具体的人员安排。

(3)安全管理制度和人员职责。

(4)施工风险识别和评价,所有危险紧急状态及危险因素,以及针对危险因素采取的施工技术保障措施和安全管理措施。

(5)危险因素的预防、应急措施。

2)基本要求

(1)施工基础保障措施和安全管理措施,应结合施工工艺、工法进行编写,编写应详细、明确,具有指导性和可操作性。

(2)施工单位在编写施工技术方案时,应考虑施工中危险因素,并针对其编写相应的防范措施,保障施工作业的安全。

2.6.2　安全专项施工方案

1)需编制专项施工方案的工程

(1)不良地质条件下有潜在危险性的土方、石方开挖。

(2)滑坡和高边坡处理。

(3)桩基础、挡墙基础、深水基础及围堰工程。

(4)桥梁工程中的梁、拱、柱等构件施工等。

(5)隧道工程中的不良地质隧道、高瓦斯隧道等。

(6)水上工程中的打桩船作业、施工船作业、边通航边施工作业等。

(7)水下工程中的水下焊接、混凝土浇筑、爆破工程等。

(8)爆破工程。

(9)大型临时工程中的大型支架、模板、便桥的架设与拆除;桥梁、码头的加固与拆除。

(10)其他危险性较大的工程。

2)一般危险性较大分部、分项工程

一般危险性较大分部、分项工程如表2-1所示。

一般危险性较大的分部、分项工程　　表2-1

序　号	项　目	分部、分项工程
1	不良地质条件下有潜在危险性的土方、石方开挖	不良地质条件下有潜在危险性的土方、石方开挖
2	滑坡和高边坡处理	20m以上的边坡施工
3	桩基础、挡墙基础、深水基础及围堰工程	人工挖孔桩
		地下水位在坑底以上基坑支护与降水工程
		开挖土质基坑深度超过5m(含5m)
		深度未超过5m,但地质条件不良或周围环境及地下管线复杂
		桩基础、挡墙基础、地下连续墙、沉井基础
		深水基础及水深5m以上围堰工程
4	桥梁工程中的梁、拱、柱等构件	跨径15m以上圬工拱桥拱圈施工及支架拆除;跨径30m以上钢筋混凝土拱桥拱圈施工及支架拆除
		跨径40m以上梁、高10m以上柱、墩等构件施工
		预应力结构张拉施工
		跨线桥梁的施工

续上表

序号	项目	分部、分项工程	
5	隧道工程中的不良地质隧道、高瓦斯隧道等	断层、浅埋、偏压严重等不良地质隧道施工	
		竖井、斜井、辅助坑道施工	
		隧道洞口施工	
		隧道围岩突变区段的掘进施工	
6	水上工程中的打桩船作业、施工船作业、边通航边施工作业等	打桩船作业、施工船作业、水上平台作业、船舶调遣和拖航作业等	
		陆用施工机械上驳船组合作业	
		边通航边施工作业	
		港口、码头大型设备的安装与拆除	
		洪汛高发区的江河等处，港口、码头的基坑及结构物施工	
		受突风、洪水等灾害性天气影响的区域施工	
		无掩护水域或急流险滩水域施工	
7	水下工程中的水下焊接、混凝土浇筑等	水下打捞、拆除、焊接、设置设施等作业	
		水下混凝土浇筑	
8	爆破工程	采用爆破拆除的工程	
9	大型临时工程中的大型支架、模板、便桥的架设与拆除；桥梁、码头的加固与拆除	码头加固与拆除工程	
		跨径 20m 以上行车便桥架设与拆除	
		桥梁加固与拆除工程	
		模板架设与拆除	(1)各类工具式模板工程：大模板、滑模、爬模、飞模等工程 (2)混凝土模板支撑工程：塔设高度 5m 及以上；塔设跨度 10m 及以上；施工总荷载 10kPa 及以上；集中线荷载 15kN/m 及以上；高度大于支撑水平投影宽度且相对独立无联系构件的混凝土模板支撑工程 (3)承重支撑体系：用于钢结构安装等满堂支撑体系
		脚手架架设与拆除	(1)塔设高度 24m 及以上的落地式钢管脚手架工程 (2)附着式整体和分片提升脚手架工程 (3)悬挑式脚手架工程 (4)吊篮脚手架工程 (5)自制卸料平台、移动操作平台工程 (6)新型及异型脚手架工程
10	其他危险性较大的工程	边通车边施工作业	
		大型机械装拆工程	
		特种设备施工	
		施工临时用电	
		起重吊装工程	
		采用新技术、新工艺、新材料、新设备及尚无相关技术标准修建的危险性较大的分部、分项工程	
		其他危险性较大的工程视具体情况而定	

3)需要组织专家进行论证、审查的危险性较大分部、分项工程

超过一定规模的危险性较大的分部、分项工程如表 2-2 所示。

超过一定规模的危险性较大的分部分项工程　　表 2-2

<table>
<tr><th>序　号</th><th>项　目</th><th colspan="2">分部、分项工程</th></tr>
<tr><td rowspan="2">1</td><td rowspan="2">滑坡和高边坡处理</td><td colspan="2">滑坡体处理、抗滑桩</td></tr>
<tr><td colspan="2">30m 以上高边坡施工</td></tr>
<tr><td rowspan="2">2</td><td rowspan="2">桩基础、挡墙基础、深水基础及围堰工程</td><td colspan="2">开挖土质基坑深度超过 5m(含 5m),或深度未超过 5m,但地质条件不良或周围环境及地下管线复杂</td></tr>
<tr><td colspan="2">深水基础及水深 20m 以上围堰工程</td></tr>
<tr><td rowspan="7">3</td><td rowspan="7">桥梁工程中的梁、拱、柱等构件施工</td><td colspan="2">跨径 15m 以上圬工拱桥拱圈施工工程;跨径 30m 以上钢筋混凝土拱桥拱圈施工工程</td></tr>
<tr><td colspan="2">钢箱拱桥,钢桁架、钢管混凝土拱桥</td></tr>
<tr><td colspan="2">跨径 40m 及以上梁,高 30m 以上柱、墩、塔等构件施工</td></tr>
<tr><td colspan="2">跨越高速公路、一级公路及铁路的跨线工程</td></tr>
<tr><td colspan="2">桥梁转体、顶推施工</td></tr>
<tr><td colspan="2">桥梁悬浇、悬拼施工</td></tr>
<tr><td colspan="2">斜拉桥、悬索桥塔、索施工</td></tr>
<tr><td rowspan="3">4</td><td rowspan="3">隧道工程中的不良地质隧道、高瓦斯隧道等</td><td colspan="2">溶洞、暗河、瓦斯、岩爆、涌水突泥等不良地质隧道及偏压严重隧道的掘进施工</td></tr>
<tr><td colspan="2">沉管隧道施工中沉管浮运、就位、对接等水上、水下作业</td></tr>
<tr><td colspan="2">盾构隧道深基坑施工,盾构设备安装、拆卸,盾构进出洞施工,特殊地质、环境区域盾构隧道掘进施工,盾构隧道掘进常见问题处理等</td></tr>
<tr><td rowspan="2">5</td><td rowspan="2">水上工程中的打桩船作业、施工船作业、边通航边施工作业等</td><td colspan="2">复杂条件下的边通航边施工作业</td></tr>
<tr><td colspan="2">不良地质条件下的大型基坑施工</td></tr>
<tr><td>6</td><td>水下工程中的水下焊接、混凝土浇筑等</td><td colspan="2">复杂条件下的水下打捞、拆除、焊接、设置设施等作业</td></tr>
<tr><td>7</td><td>爆破工程</td><td colspan="2">大型或有特殊要求的爆破工程,水下爆破工程</td></tr>
<tr><td rowspan="6">8</td><td rowspan="6">大型临时工程中的大型支架、模板、便桥的架设与拆除;桥梁、码头的加固与拆除</td><td rowspan="3">支架、模板架设与拆除</td><td>工具式模板工程:滑模、爬模、飞模工程</td></tr>
<tr><td>混凝土模板支撑工程:搭设高度 8m 及以上;搭设跨度 18m 及以上;施工总荷载 15kPa 及以上;集中线荷载 20kN/m 及以上</td></tr>
<tr><td>承重支撑体系:用于钢结构安装等满堂支撑体系,承受单点集中荷载 7kN 以上</td></tr>
<tr><td rowspan="3">脚手架架设与拆除</td><td>搭设高度 50m 及以上落地式钢管脚手架工程</td></tr>
<tr><td>提升高度 150m 及以上附着式整体和分片提升脚手架工程</td></tr>
<tr><td>架体高度 20m 及以上悬挑式脚手架工程</td></tr>
<tr><td rowspan="4">9</td><td rowspan="4">其他超过一定规模危险性较大的工程</td><td colspan="2">30m 以上高空作业</td></tr>
<tr><td colspan="2">边通车边施工作业</td></tr>
<tr><td colspan="2">采用新技术、新工艺、新材料、新设备及尚无相关技术标准的危险性特别大的分部、分项工程</td></tr>
<tr><td colspan="2">其他危险性特别大的工程</td></tr>
</table>

4)安全专项方案主要内容

(1)编制说明:编制依据、编制目的、适用范围等。

(2)工程概况:工程简介、水文气象地质条件、危险性较大的分部分项工程概况等。

(3)施工技术方案:组织机构、施工平面布置图、施工方案、技术参数、计算结果、工艺要求、施工进度计划、材料与设备计划、专职安全管理人员工作计划和特种作业人员工作计划等。

(4)危险性因素辨识与分析:结合工程特点进行危险性因素辨识、分析、评估,确定危险因素等级,分析潜在的事故类型及危害,制订针对性的监控对策。

(5)施工安全技术保障措施:结合危险因素分析,制订相应的安全技术措施、防护设施的安置方案、现场管理的要点等。

(6)安全管理措施:组织保障,制度保障,检测监控,检查验收的内容、方法、程序等。

(7)应急预案:明确应急救援机构,结合潜在的施工类型、等级制订应急救援措施和配备救援设施等。

(8)其他需要说明的内容。

(9)附录:计算书及相关图纸。

2.7 安全内业资料整理与档案要求

安全内业资料管理,应遵循填写全面、真实准确、归档及时的原则。项目参建单位应按要求进行归档,档案盒应有管理类别标签、细分标签和卷内目录,以便归档和查阅。档案管理应落实专人专室专柜管理制度。

2.7.1 施工阶段内业资料收集与管理

1)建设单位

(1)安全管理制度、职责及安全保证体系。

(2)施工单位“三类人员”、监理单位驻地监理工程师及安全专监资格审查、批复及备案记录。

(3)下发、转发或批复的安全管理文件、安全专项方案等。

(4)各项安全检查台账、记录、通报和整改闭合资料。

(5)安全生产费用使用审核、计量支付资料。

(6)安全生产应急预案。

(7)安全生产事故台账、报表及相关事故处理资料。

(8)其他安全管理资料(包括例会、图片、影像资料等)。

2)监理单位

(1)安全监理制度、职责及安全保证体系、安全资格证书。

(2)安全监理工作方案及安全监理实施细则。

(3)审查批复施工组织设计中的安全保证措施和危险性较大工程专项施工方案记录。

(4)安全监理检查、指令及隐患检查整改闭合资料。

(5)安全监理台账(包括监理日常工作台账、安全监理指令台账、专项方案审查台账等)。

(6)安全监理日志、安全监理巡视记录、安全监理月报。

(7)施工单位定期对施工安全管理人员及特种作业人员、特种作业设备台账等报备资料。

(8)其他安全管理资料(包括例会、图片、影像资料等)。

3)施工单位

(1)安全生产法律、法规及部门规章等。

(2)安全管理机构设置及其职责、责任状。

(3)安全生产管理制度。

(4)安全生产操作规程。

(5)“安全生产许可证”及“三类人员”的“安全生产考核合格证”。

(6)安全生产责任制及安全生产合同。

(7)特种作业人员台账及证件、一般作业人员台账。

(8)特种设备登记、使用台账及有关检验合格证、维修保养记录。

(9)作业人员和项目管理人员的安全教育培训、交底台账及记录。

(10)安全会议与学习台账及记录。

(11)各级安全检查、整改台账及检查通知、整改回复、安全问题处罚、复查等记录。

(12)安全日志、电工巡视记录。

(13)安全生产费用管理台账及使用计划、使用记录和有关证明材料。

(14)危险源调查、分析、评价、分级资料。

(15)主要风险源明白卡以及危险告知台账、记录。

(16)临时用电、危险性较大工程的专项施工方案及其审查批复文件。

(17)应急救援预案及演练计划或记录。

(18)安全生产事故台账及事故报送(月报、快报)、处理记录。

(19)人身意外伤害保险资料。

(20)其他安全管理资料(包括例会、照片、影像资料等)。

2.7.2　交(竣)工阶段安全内业资料收集和管理

建设单位、监理单位、施工单位安全交(竣)工阶段安全内业资料主要包括以下内容:

(1)安全组织机构及人员、岗位责任、安全保证体系、施工专项技术方案、技术交底文件等。

(2)安全事故的调查处理文件。

3 施工安全

3.1 驻地与场站安全

3.1.1 一般规定

1)选址要求

(1)项目部、场站应选在交通便利,尽量靠近公路的位置。

(2)便于引入生活用水和施工用水的位置。

(3)不受洪水、泥石流和雷电威胁,不占用河道的地方。

(4)避开塌方、落石、滑坡、高压线、危岩等地段。

(5)距爆破区 500m 以上。

(6)靠近施工现场且不受干扰的位置。

2)临时用材要求

(1)临建房屋施工前,应将所有厂家及材料上报监理工程师审批,待其批准后才可购进材料搭建临时房屋。

(2)项目部、场站等施工现场新搭设的临建房屋,必须使用阻燃、隔热、质地坚固的建筑材料,使用复合板材应有出厂合格证,强度满足标准要求,严禁使用不能满足阻燃要求的各种板材。

(3)临建房屋门窗口等应实行工厂化加工生产,不得在工地现场进行切割作业,防止污染环境和损害人身健康。

3)临时用电安全

(1)电力线路布置。

①项目部、场站的临建房屋用电,应编制临时用电方案。

②临建房屋照明系统,应使三相负荷平衡,其中每一单相回路上,灯具或插座数量不宜超过 25 个,负荷电流不宜超过 15A,灯具和插座应分路设置。

③照明灯具的金属外壳必须与 PE 线相连接,照明开关箱内必须装设隔离开关、短路与过载保护装置和漏电保护装置。

④进户线为架空敷设时,室外端应采用绝缘子固定,过墙处应穿管保护,距地面高度不得小于 2.5m,并应采取防雨措施。

⑤临建房屋的室内配线,必须采用绝缘导线或电缆,室内配线所用导线或电缆的截面应根据用电设备或线路的计算负荷确定。

⑥食堂、淋浴室,应使用密闭型防水照明器或配有防水灯头的开启式照明器。

(2)临建房屋内电器管理。

①电器不能超负荷使用,每个宿舍房间照明不大于 100W,电视机不超过 1 台,夏季使用电风扇不得超过 2 台,空调必须选用节能空调,保证每个房间总用电负荷不得大于 2kW。

②宿舍内每人用电负荷不超过 100W,加强对手机等电池充电的安全管理,严禁个人私自在宿舍内使用小电风扇、床头照明、热得快、电炉子、电热毯等。

③宿舍区宜根据作息时间限时供电。

(3)现场临时用电管理。

①开工前,应按照现行《施工现场临时用电安全技术规范》(JGJ 46—2005)规定的要求,编写现场临时用电施工组织设计。

②施工临时用电,必须办理正规的报批手续,规范用电,实行“一机、一箱、一闸、一漏”。项目部、场内必须配备与功率相匹配的备用电源。

③配电房(室)、变压器等固定场所,必须设置明显的禁止、警告标志。

④固定式配电箱、开关箱与地面的垂直距离控制为1.3~1.5m。

⑤所有配电箱设专人负责管理,开关箱编号配锁,标明负责人姓名、联系电话,张贴安全警示标志牌。

⑥施工现场的机动车道与外电架空线路交叉时,架空线路的最低点与路面的最小距离应满足以下要求:外电线路电压为1kV以下时,最小距离为6m;外电线路电压为1~10kV时,最小距离为7m;场内线路距离地面不小于4.5m,与道路交叉处的电线应穿红白相间的绝缘管并悬挂警示标牌。

⑦电工每天应对配电房、配电柜、开关箱、线路等进行巡视,并做好记录,发现问题及时整改。

⑧机具设备施工人员应注意与电绝缘,如戴绝缘手套,穿绝缘胶靴等。

(4)其他未提及的参照现行《施工现场临时用电安全技术规范》(JGJ 46—2005)相关规定执行。

4)消防安全

(1)一般规定。

①施工、监理单位应贯彻落实“预防为主、防消结合”的方针,严格落实消防安全责任制,建立消防安全预警机制,积极开展消防安全培训,定期布置、检查消防工作。

②施工、监理单位应根据国家消防安全法规和技术标准,结合消防重点部位,按消防要求进行采购、储备消防应急物资,建立消防器材台账、布置图和责任人制度,定期对应急物资保管、状态进行抽查,及时进行补充和更新,确保消防器材的有效性。

③施工单位应适时组织开展消防应急演练,并对应急预案的有效性进行检验,保存相关文字、影像资料备查。当人员、工作场所、施工工艺等发生重大变化时,应及时修订应急预案。

(2)安全防护设施。

①手提式灭火器宜设置在灭火器箱内或挂钩、托架上,其顶部离地面高度不应大于1.5m;底部离地面高度不宜小于0.08m,灭火器箱不得上锁。

②施工单位应在施工临时用电设施、脚手架、出入通道口、楼梯口及存放易燃易爆危险用品等部位,设立明显的消防安全警示标识。

③施工驻地和现场应配备消防器材,其种类、规格和数量至少满足下列要求:

A.厨房、食堂:各配备磷酸铵盐干粉(ABC)4kg灭火器2个。

B.材料仓:配备磷酸铵盐干粉(ABC)4kg灭火器2个。

C.办公室:每100m^{2}配备磷酸铵盐干粉(ABC)4kg灭火器2个。

D.水泥仓:配备磷酸铵盐干粉(ABC)4kg灭火器1个。

E.电工房、配电房:各配备磷酸铵盐干粉(ABC)4kg灭火器2个。

F.拌和楼及控制室:各配备磷酸铵盐干粉(ABC)4kg灭火器1个,共2个。沥青罐区、导热油炉、油料存储区各配置手推式磷酸铵盐干粉(ABC)35kg灭火器2个,手提式磷酸铵盐干粉(ABC)4kg灭火器4个,并在拌和楼区域设置消防沙、消防铣,并留有消防车道。

G.门卫:配备磷酸铵盐干粉(ABC)4kg灭火器2个,以及1条20m长、直径为65mm的消防水带。

H.集体宿舍:每50m^{2}配备磷酸铵盐干粉(ABC)4kg灭火器1个。

I.临时动火作业场所:配备磷酸铵盐干粉(ABC)4kg灭火器1个和其他消防辅助器材。

J.周转材堆放场和散装水泥塔各配备磷酸铵盐干粉(ABC)4kg灭火器1个。

K.油库:配置手推式磷酸铵盐干粉(ABC)35kg灭火器2个,手提式磷酸铵盐干粉(ABC)4kg灭火器4个,并在拌和楼区域设置消防沙、消防铣,并留有消防车道。

L.火工品仓库：值班房配备磷酸铵盐干粉（ABC）4kg 灭火器 2 个，消防铣 2 把，消防桶 4 只；炸药库、雷管库墙壁上各配备磷酸铵盐干粉（ABC）4kg 灭火器 2 个，消防铣 2 把，防火沙置于两库中间，旁边设一 2m×2m×2m 蓄水池。

M.试验室：力学室、混凝土室配备磷酸铵盐干粉（ABC）4kg 灭火器各 1 个，集料室、土工室、化学分析室、沥青室、抽提室各配备磷酸铵盐干粉（ABC）4kg 灭火器各 2 个；同时每个试验室应备有不少于 $0.5m^2$ 消防沙池；每 3 个室配备消防锹 1 把，消防桶 2 只。

N.机械设备：驾驶室内配备磷酸铵盐干粉（ABC）0.5kg 灭火器 1 个。

④施工驻地和作业场所，应设置明显的消防标志和标牌，明确消防责任区和责任人，可参考附录 B 附图1。

（3）电气防火管理要点。

①不得在电气设备周围使用火源，变压器、发电机等场所严禁烟火。

②建立电气防火责任制度，加强电气防火重点场所烟火管制，并设置禁止烟火标志。

③建立电气防火教育制度，定期进行电气防火知识宣传教育，提高各类人员电气防火意识和电气防火技能水平。

④建立电气防火检查制度和火警预报制度，及时消除隐患，做到防患于未然。

（4）电、气焊作业。

①电焊机应有良好的隔离防护装置，电焊机的绝缘电阻不得小于 10Ω。

②电焊机应放置在避雨干燥的地方，严禁与易燃、易爆物品或容器放在一起。电焊导线中间不应有接头，施焊作业应远离易燃、易爆物 10m 以外。

③氧气瓶、乙炔瓶与明火或易燃易爆物品之间距离不小于 10m，使用时乙炔瓶与氧气瓶的距离应不小于 5m，乙炔瓶应安装回火防止器。

④气瓶严禁倒放，且不得置于高压线下面或在太阳下暴晒。

⑤施焊时，场地应通风良好。施焊完毕，作业人员应检查操作场地，确认无火灾隐患，才可离开。

（5）其他。

①施工单位须采用经消防部门检测合格的消防设备、器材。消防设备、器材应放置在明显易取的地方，且不得影响安全疏散。指定专人（主要是义务消防队员）负责消防设备、器材保养管理，每季度检查一次，按期换药，确保消防设备、器材的有效使用。

②消防器材出现下列情况时应予以维修和更新配置：

A.有下述情况之一的应予维修：喷嘴损坏、垫圈老化、内胆破损、压力不足。

B.有下述情况的建筑场所，应更新配置灭火器材：临时建筑使用性质变更，使用、储存可燃物的种类变更。

③在高空焊接时，在焊接周围应备有消防设备。施焊部位下面应垫石棉板或铁板。

④严格执行动火制度。储油罐及管道内有存油时，不得进行电气焊作业。

（6）必要时，请当地的消防部门进行指导、验收。

5）食堂安全

（1）食堂工作人员，必须持证（健康证）上岗，每年体检 2 次；应穿统一制式的白色工作服，要求衣冠端正、整洁。

（2）餐厅、灶房应保持干净、卫生，食堂工作人员每天对操作间、餐厅、储藏室和餐具进行清扫、消毒，每周对食堂卫生进行一次全面清洁。

（3）食品采购应专人管理，定点采购；采购人员应严把食品质量关口；采购回来的食品应妥善保管，防止变质。

（4）食堂内应严格按照消防安全标准配备消防设施，达到标准化要求。

（5）液化气钢瓶在使用过程中，应经常检查，确保其安全。

(6)项目部应定期组织食物中毒应急处置预案的演练,提高项目部应对食物中毒事故的快速处置能力。

6)值班与安全警卫

(1)各工点应安排专人负责值班与安全警卫工作,做到24h值班巡视;值班人员必须认真填写值班记录。

(2)在值班期间发生事故时,值班人员应及时向主管领导汇报。

(3)值班人员认真检查进出车辆,无关车辆不得进入,并做好车辆登记工作。

3.1.2 项目部

1)一般规定

(1)项目部设置,应因地制宜,结合地形地貌布置,不宜设在大挖大填地段,宜尽量少破坏自然环境。

(2)驻地建设,必须先选址、规划,制订建设方案,后组织实施。驻地建设方案,应实行审查、审批制度,实施完成后经验收合格才可投入使用。施工单位驻地建设方案,由监理工程师审查,建设单位审批,建设完成后经建设单位组织验收合格后才可投入使用;监理单位驻地建设方案,由建设单位审批后按批准的方案进行建设,建设完成后经建设单位组织验收后,才可投入使用。

(3)严禁在泥石流区、滑坡体、洪水位下等危险区域设置施工驻地,避开取弃土场、塌方、落石、危岩等地段;如无法回避,须进行专项论证,完善安全防护设施,建立应急机制。

(4)租赁地方房屋作为驻地的,租赁的房屋须满足安全要求,房屋的面积须达到办公要求。采用拼装式活动板房的,应使用阻燃材料,搭建不宜超过两层,由有资质的单位施工;搭设后应经双方检查、验收,并出具合格证明。

(5)驻地应设有消防通道,其宽度不得小于3.5m。

(6)所有线路铺设、电器设备须由专职电工或厂家人员进行安装,满足现行《施工现场临时用电安全技术规范》(JGJ 46—2005)相关要求。

(7)所有房屋均应满足安全、消防、环境卫生的要求,做到结构坚固,室内宽敞明亮,通风良好,室内净高不低于2.6m。

(8)项目部临建房屋每排连续设置不得超过40m,排与排之间距离应满足消防安全要求。

(9)临建敞开式外走廊房间门至楼梯口最大距离不应超过30m,不得采用封闭式外走廊。

2)安全防护设施

(1)驻地应设置路灯,每个灯具应单独装设熔断器保护,灯头线应做防水弯。驻地应适当配置应急照明灯。

(2)驻地单位应根据国家消防安全法规和技术标准,结合消防重点部位,在办公区域、试验室、宿舍、食堂等区域配备足够的消防器材。灭火器应设置在明显和便于取用的地点,不得设置在潮湿或者有腐蚀性的地点,且不得影响安全疏散。

(3)驻地各功能区,应在适当位置设置消防沙池、消防桶、消防锹,可参考附录B附图2。

(4)所有消防设施,应在显著位置悬挂消防责任牌、指示牌等标识。

(5)驻地应设置下列安全标志标牌:

①垃圾桶(池)处设置指示标志及“讲究卫生,保护环境”等内容的提示牌。

②灭火器处设置指示标志及消防责任牌。

③靠近林区应在驻地周围醒目位置设立“保护环境”“森林防火”等内容的标语,可采用条幅或固定标语。

④备用电源处需设置安全操作规程牌和“机房重地,闲人免进”警示牌。

(6)应在重点区域安装必要的带摄像头的视频监控系统、报警系统等。

(7)其他驻地用电、消防安全防护设施,可参考一般要求部分相关规定执行。

3)安全管理要点

(1)必须建立消防责任制,明确责任人,建立消防管理台账,定期组织检查。

(2)项目部必须设置专职电工,定期对驻地用电设施、配电线路进行检查,并做好维修保养记录。电工作业人员须持证上岗,严禁无证操作。电工作业人员须按规定使用劳动保护用品及绝缘工具。

(3)厨房、锅炉房、变电室、发电机房与生活区、办公区之间的距离不小于15m。

(4)驻地与储存易燃易爆物品(油料、炸药等)所修建的临时仓库的防火间距,应满足有关规定。

(5)严禁在床上吸烟,烟头、纸屑等杂物不得随地乱丢;严禁使用电炉和超限载的大功率用电取暖设备;严禁使用有明火的取暖设施;严禁携带易燃易爆物品进入宿舍;每天安排专人清扫宿舍(生活区)的杂物和垃圾,可燃杂物应集中堆放,不宜堆放在建筑物内和宿舍附近。

(6)普通灯具与易燃物距离不宜小于3m,聚光灯等高热灯具与易燃物距离不得小于5m,且不得直接照射易燃物。达不到规定安全距离时,必须采取隔热措施。

(7)室外220V灯具距地面不得低于3m,室内220V灯具距地面不得低于2.5m。

(8)其他可参考临时用电、消防安全管理相关规定执行。

3.1.3 试验室和仓库

1)一般规定

(1)试验室和仓库应严禁吸烟等动用明火行为,注意防火、防盗、防毒。

(2)试验室和仓库必须按照国家有关防雷设计安装规范的规定,设置防雷装置,并定期检测,保证有效。

(3)仓库应选择平坦、宽敞、交通方便之处,仓库周围应设置完善的排水系统;每座仓库的安全出口不应少于2个,当一座仓库占地面积小于等于300m^{2}时,可设置1个安全出口。

(4)油库应远离生活区不小于50m的距离。氧气、乙炔瓶仓库应远离生活区不小于30m的距离。

(5)民爆物品库的选址、设计图纸,应由当地公安部门确认并且审核同意,建设完成后,经当地公安部门联合验收合格后,才可投入使用。

2)安全防护设施

(1)试验室。

①试验室(含办公区域)外窗应安装防盗网,防止设备和各种档案资料失窃。

②各试验室应安装排风设施,尤其是沥青及沥青混合料室。

③试验室电缆应为独立的专用线,干燥箱、沥青拌和机、马歇尔击实仪、车辙仪等仪器,均应有单独的控制闸和漏电保护器。各功能室电源插头应高出地面1.3m以上,防止进水漏电。

④试验室应配备灭火器、消防锹、消防桶等必要的消防设施,具体数量参考前面驻地与场站安全的一般规定。

⑤其他参考临时用电、消防安全管理规定执行。

(2)民爆物品仓库。

①民爆物品仓库四周应设密实围墙,墙顶设置防攀越的设施。库区应安装视频监控系统及红外线报警装置,监控须覆盖库区门口、雷管库、炸药库、值班室几个重点部位。监控图像应清晰可靠。

②仓库应设置防盗门与格栅门,门前设置防静电设施,通风窗口应用钢筋与铁丝网进行防护。

③仓库顶部应设置隔热层,仓库内应设置防潮设施,炸药、雷管堆放距离地面不得小于20cm。仓库内严禁使用电气照明,仓库外照明应采用防爆开关及灯具。采用移动式照明时,应使用防爆手电筒或手提式防爆灯。

④储存库区内应设置足够的灭火器、消防锹、消防桶等消防设施,并严格按照设计图纸设置消防水池、消防沙池。

⑤看守房应设置固定电话,看守人员每人至少配备一组防侵入设备。仓库应按规定设置报警电话提

示牌、警告标志等。

(3)油库。

①油库应采用地埋式或托架式设置,并设置围栏、防晒顶棚,围栏宜采用隔离栅。油库四周应设防火隔离带,排水沟。

②油库应在适当位置设置消防沙池,一个油罐配备 2 个磷酸铵盐干粉(ABC)4kg 灭火器、消防锹、消防桶等必要的消防器材,必要时还须配备 2 个手推式磷酸铵盐干粉(ABC)35kg 灭火器。油库醒目位置应设置安全警示、警告标志。

(4)易燃易爆品仓库。

①仓库应采用防爆防溅开关和灯具,储存大量易燃物品的仓库场地应设置独立的避雷装置。

②场所应设置齐全的警告警示标志。

③易燃易爆仓库,应设置消防沙池,配备灭火器、消防锹、消防桶等必要的消防设施,具体数量参考前面驻地与场地安全的一般规定。

3)安全管理要点

(1)试验室。

①试验室应至少设置 2 名安全管理人员(可由试验员兼职,但是必须经过相应培训),专门负责对消防设备的检查、试验样品的管理和试验设备的管理,且应分工明确。有毒、有害、腐蚀性及易燃物品,应设专区存放。

②试验室的化学品应进行识别管理。识别信息应包括样品名称、规格型号、样品编号及样品状态。样品识别标志应清晰、准确,根据化学品的不同属性分别进行储存,存储环境必须符合有关规定,同时配备具有针对性的消防设施。对于一些危险性较高的化学品,在取用或试验时,必须有相应的安全措施。

③试验室产生的废水、废气、废渣,应保证安全排放。试验废水必须经过沉淀后才能排放,化学废液应进行中和、消毒处理后才能排放,严禁直接排放。试验室固体废弃物应集中存放,定期清理到指定地点,不得到处摆放,随意丢弃。

④试验仪器设备,不论使用与否,均应定期或不定期进行维护保养并记录;设备使用过程中,应注意人身和设备安全,使用完毕应断电并进行必要的常规保养。试验室的墙面上必须悬挂试验仪器的安全操作规程和试验室安全注意事项。

⑤压力机、万能材料试验机等力学设备,应设置金属防护网或安全防护网。防护网(罩)网眼尺寸不应大于 1cm×1cm。

(2)民爆物品仓库。

①每个库区须至少设置 2 名库管员,并至少配备 2 只警戒犬进行警戒。严格落实“双人双锁”制度、库区来人登记制度、交接班制度。项目经理部,应定期进行检查,填写安全检查记录。

②应及时清理库区及周边 8m 范围内的枯草等易燃物,库区内严禁存放杂物。进库人员严禁携带手机及打火机等易燃易爆物品,在进入仓库前应手摸防静电设施,消除静电后才可进入仓库。

③应在储存库内墙面画 1.6m 的定高线,对不同种类的炸药在墙面上做明显标志,分别堆放。民爆物品应堆放稳固整齐,堆垛之间应留有检查、清点民用爆炸物品的通道。通道宽度不应小于 0.6m,堆垛边缘与墙的距离不应小于 0.2m。

(3)油库。

①油罐内壁应涂防锈漆,并定期进行清洗。夏季应对油罐进行降温。

②油库隔离区内禁止存放危险品、爆炸品和其他易燃物质。

③油库管理员应经常对库区进行安全检查。

(4)易燃易爆品仓库。

①易燃易爆仓库堆料场与其他建筑物、铁路、道路、高压线的防火间距,应按现行《建筑设计防火规范》(GB 50016—2014)的有关规定执行。

②有明火的生产辅助区和生活用房与易燃堆垛之间，至少应保持30m的防火间距。

③固体易燃物品应与易燃易爆的液体分间存放，不得在同一仓库混合储存不同性质的物品。

④仓库或堆料场所，应采用防爆防溅开关和灯具。储存大量易燃物品的仓库场地应设置独立的避雷装置。

⑤仓库应保证通风良好，并满足防盗、防雨、防雷要求。单独安装开关箱，禁止使用不合格的电器保护装置。仓库设专人管理，保管人员离库时，须拉闸断电。

⑥仓库保管员应当熟悉储存物品的分类、性质、保管业务知识和防火安全制度，掌握消防器材的操作使用和保养方法，做好本岗位的防火工作。

⑦氧气、乙炔瓶仓库应做到空、重瓶分开，竖立存放，仓库内地面应垫一层缓冲垫。装卸时，须做到轻搬轻放，避免气瓶硬碰硬撞。

⑧不同性质的易燃易爆物品须分间存放，严禁混存。

3.1.4 场站

1)拌和站

(1)一般规定。

①拌和站建设须先选址、规划，制订建设方案，后组织实施。建设方案由监理工程师审查，建设单位审批，建设完成后经建设单位组织验收合格后才可投入使用。

②严禁在泥石流区、爆破区、滑坡体、洪水位下等危险区域设置拌和站，避开取土、弃土场地，无法回避时应当进行必要的论证，制订相应的措施，编制应急预案并进行演练。

③拌和站宜采用封闭式管理，材料堆放区、拌和区、作业区应规范设置。

④混凝土拌和站的安装、拆除，应由专业人员按出厂说明书规定进行；安装完成后应进行全面检查、调试、试运行，在各项技术性能指标全部符合规定并经验收合格后，才可投入使用。

⑤拌和站操作人员必须经专业训练，考核合格颁发操作证后持证上岗，无证严禁操作。

(2)安全防护设施。

①立式水泥存储罐基座，必须牢固，采取必要的防倾覆措施，并安装避雷设施。

②拌和站场地内的沉淀池、水池，须设置防护栏和警示标识。

③传动系统裸露的部位，应有防护装置和安全检修保护装置。

④拌和站出料斗处，应设置明显的警示、禁止标牌。

⑤沥青储料罐区域，应采用隔离设施封闭，并设置明显的安全警示标识。隔离设施应采用隔离栅。

⑥具体消防设施的配备，详见驻地与场站安全的一般规定。

(3)安全管理要点。

①拌和站必须配置消防设施，明确责任人，设置消防安全标志。

②当提升斗被障碍物卡死时，不得强行起拉，不得起吊重物；在拉料过程中，不得进行回转操作。

③拌和机满载搅拌时，不得停机。当发生故障或停电时，应立即切断电源，锁好开关箱，将搅拌筒内的混凝土清除干净，然后排除故障或等待电源恢复。

④检修人员进入搅拌筒内，应先切断电源，锁好开关箱，悬挂禁止合闸标牌，并由专人监护；清理上料坑时，料斗应采用链条挂扣牢固。

⑤沥青拌和站的柴油、燃气、燃煤、沥青、木质纤维素等材料，必须区分堆放，堆放应满足防火要求。

⑥沥青拌和站导油设施，应与行车通道保持安全距离。

⑦机组各部分应逐步启动；启动后，各部件运转情况和各仪表指示情况应正常；油、气、水的压力满足要求后，才可开始作业。作业过程中，在储料区内、提升斗或输送带下，严禁人员进入。

⑧拌和站各机械不得超载作业，当发现运转声音异常或温度过高时，应立即停机检查。

⑨拌和机停机前，应先卸载，然后按顺序关闭各部开关和管路。作业后清理搅拌桶、出料门等部位

时，应派专人警戒。

⑩其他要求参考驻地与场站安全相关规定执行。

2)预制场

(1)一般规定。

①预制场包括梁板预制场和小构件预制场。预制场建设，须先选址、规划，制订建设方案，后组织实施。预制场建设方案，由监理工程师审查，建设单位审批，建设完成后经建设单位组织验收合格后才可投入使用。

②预制场选址，应选在不受洪水、泥石流等威胁，避开塌方、落石、滑坡、危岩等危险地段和取土、弃土场地的地方。无法回避时，应当进行必要的论证，制订相应的措施，编制应急预案并进行演练。预制场应与当地民居保持一定距离，避免扰民；应避开高压线路、高大树木，与通信线路保持一定距离。

③预制场设置在路堑路基上时，边坡的防护及排水设施应提前完成。

④场内的特种设备须经相关部门检测合格后方能使用。

⑤施工、操作人员须进行岗前安全培训，做到持证上岗；现场施工、操作人员必须穿戴好安全防护用品。

(2)安全防护设施。

①预制场的施工区域布置应合理，场地占地面积应满足施工需要，在重点部位(出口、材料存放区)设置视频监控系统。

②预制梁场应设置下列安全防护设施：

A.大风预警时，龙门吊应增设、加固缆风绳。

B.张拉作业时，台座两端应设置防护挡板。

C.T 梁存放应设置专用的支撑设施。

③预制梁场应设置下列安全标识标牌：

A.在预制场路口处明显位置设指路牌、警示牌；场内相应位置设安全警示牌、安全操作规程等相关标识牌。

B.张拉作业时，台座两端设置警示标志，并设置防护挡板。

C.预制场的制梁区、存梁区、构件加工区等各生产区域，应设置明示标识；吊装作业区、安全通道，应设置禁行标识标牌。

D.钢筋绑扎区在明显位置设置标识牌。

④其他，参考驻地与场站安全一般规定执行。

(3)安全管理要点。

①存梁区应保证平整无积水，梁板存放层数不得多于 2 层，人员上下须配备安全爬梯，堆放时应做好对梁板的支撑。

②张拉或退楔时，千斤顶后面不得站人。量伸长值或挤压夹片时，人员应站在千斤顶侧面。

3)钢筋加工场

(1)一般规定。

①钢筋加工场建设，须先选址、规划，制订建设方案。建设方案，由监理工程师审查，建设单位审批后实施，建设完成后经建设单位组织验收合格后才可投入使用。

②严禁在泥石流区、爆破区、滑坡体、洪水位下等危险区域设置钢筋加工场，避开取土、弃土场地；无法回避时，应当进行必要的论证，制订相应的措施，编制应急预案并进行演练。

③钢筋加工厂宜采用封闭式管理(可参考附录 B 附图 3)。

④场地规划按照加工次序依次设置，减少各工序间的干扰，应将钢筋加工场划分为原材存放区、加工区、成品区(按照型号再分区)、半成品区等区域，各区域应有明显标识注明(可参考附录 B 附图 4)。

⑤钢筋加工机械安放应有序、合理，注意机械的保养，设备旁必须树立设备的操作规程及安全操作注

意事项,操作人员应严格按照安全操作规程操作。

(2)安全防护设施。

①氧气、乙炔瓶应分开单独存放。氧气、乙炔存放笼的标志有注意安全标志、禁止烟火标志、氧气存放处标志、乙炔存放处标志、禁止暴晒标志、禁止明火标志。吊装具体要求:氧气吊装篮最大存储量为9个,规格为2m×1.5m×1.5m;乙炔吊装篮为1.5m×1m×1.5m,最大存储为6个。吊篮上方应设置4个吊耳。

②机械设备外漏传动部位,应设置安全防护罩。

③钢筋场在动火区每50m^{2}设置磷酸铵盐干粉(ABC)4kg灭火器2个。

④各作业区应设置分区标识牌。焊接、切割场所,应设置安全标志。机械设备应悬挂机械操作安全规程牌和设备标识牌。

(3)安全管理要点。

①氧气瓶、乙炔气瓶的安全附件,须齐全、可靠,防振圈应均匀设置;发放时,不得随地滚动、撞击;严禁将不同的气瓶同车运输;使用时,严禁将气瓶卧倒使用;夏季使用时,应把气瓶置于通风阴凉处,严禁将气瓶置于强阳光下暴晒。

②氧气瓶与乙炔瓶之间,氧气瓶、乙炔瓶与明火或易燃易爆品之间距离不小于10m;使用时氧气瓶与乙炔瓶的距离应不小于5m,乙炔瓶必须安装回火防止器。

③对电焊机做好绝缘工作,操作人员必须站在干燥的木板上进行操作,佩戴防烫伤的保护帽。钢筋焊接操作时必须穿绝缘鞋、带防护手套、穿工作服,钢筋加工机械须配备必要的防护网和防护罩。

④钢筋加工台应牢固、稳定。

⑤起吊钢筋时,下方禁止站人,待钢筋降落到距地面1m以内方准靠近,就位支撑好才可摘钩。

⑥其他,参考驻地与场地安全一般规定要求执行。

4)机械设备停放区

(1)各种机械设备在移动、清理、保养、维修时,必须切断电源,设专人监护,并挂停用标志牌。

(2)施工现场安装、拆卸大型施工机械时,必须由具有相应资质的单位承担。

(3)项目部对机械的安全检查每月不少于3次,班组长每天检查,对检查中发现的问题应采取相应措施,及时解决。

(4)机械设备必须严格执行"五个一"制度,即一机、一人(专职防护)、一本(机械施工日志)、一牌(设备标识牌)、一证(机械操作证)。

(5)操作人员应严格执行机械设备各项管理规定,不属于本人负责的设备,未经领导同意,不得随意上机操作。

3.2 现场作业安全

3.2.1 路基工程

1)一般规定

(1)工程施工前,施工单位必须详细核对设计文件,根据施工地段的地形、地质、水文、气象等资料编制施工组织设计。施工组织设计中,应具有针对性的安全技术措施;施工单位应建立健全各级安全管理机构和设立专职安全管理人员。

(2)施工技术方案中,应明确路基施工安全技术措施;爆破工程,高边坡、大型支挡工程,滑坡处置等施工,必须编制安全专项施工方案;施工方案经项目技术负责人审核,报监理工程师批准后严格实施。分项工程施工前,应进行技术交底。

(3)施工单位应加强与气象、水文等部门的联系,及时掌握气温、雨雪、风暴和汛情等的情报,做好防范工作。

(4)空压机、爆破、强夯、大型设备等特殊作业人员,应经过专业培训,获得合格证书后,才可持证上岗。

(5)对一线作业人员必须进行安全技术交底,交底应有相应的记录、文字材料、会议记录、影像资料等。

(6)路基施工现场应采用封闭式管理,现场出入口应设置“施工重地,闲人免进”的禁止标志。单位、分部、分项工程应设置明显的风险告知牌。

(7)操作人员必须按规定穿戴好防护用品才准上岗作业。

(8)应定期对施工所用的各种机具设备和劳动保护用品进行检查和必要的检验,保证其经常处于完好状态;不合格的机具设备和劳动保护用品严禁使用。

(9)采用新技术、新工艺、新设备、新材料时,必须制订相应的安全技术措施。

(10)施工现场必须根据实际情况配置足够的消防设备。

(11)下挖工程施工前,应根据设计文件复查地下构造物(电缆、各类管道)的埋置位置及走向,并采取防护措施。施工过程中发现有危险点或其他可疑物品时,应立即停止施工,报请有关部门处理。

(12)夜间施工应有足够照明。施工现场临时安装的电气设备必须满足安全用电要求,并配备专职电工管理,其他人员不得擅自接电、拉线。

(13)在危险地段应设置警示、警告标识标牌。

2)施工准备

(1)在沟、坑、水塘边缘约1m处应设置安全护栏。安全护栏应有足够的稳定性,其高度不小于1.5m,并设警示标志。

(2)在需要隔离防护的油库区周边设置临时油库围栏。

(3)在炸药库周边必须设置全封闭的安全围栏,具体位置以能够确保安全为准。

(4)土方工程中的挖方和填方,均应严格按标准规范进行放坡,防止土方因边坡失稳而坍塌。

(5)做好现场临时排水沟,保证无自然水流到操作区四周。

(6)应派专人对土方边坡进行巡视,特别是雨后,发现异常及时报告并启动应急预案。

3)安全防护措施

(1)机械设备一般安全要求。

①操作人员在工作中不得擅自离开岗位,不得操作与操作证不相符合的机械;不得将机械设备交给无本机种操作证的人员操作。严禁使用没有制造资质企业生产的设备,严禁违章施工作业,严禁机械设备带故障作业。

②操作人员必须按照所驾机械说明书规定,严格执行工作前检查、工作中观察及工作后检查保养的制度。施工现场各类机具设备,应定期检查。线缆接头必须绑扎牢固,确保不透水、不漏电;对穿越水、泥浆等位置架空搭设。

③驾驶室或操作室内,应保持整洁,严禁存放易燃、易爆物品,严禁酒后操作机械,严禁机械带故障运转或超负荷运转。

④机械设备在施工现场停放时,应选择安全的停放地点,关闭好驾驶室(操作室),应拉上驻车制动闸。坡道上停车时,应用三角木或石块抵住车轮,夜间应有专人看管。

⑤柴、汽油机的正常工作温度,应保持为60℃~90℃,温度在40℃以下时不得带负荷工作。

⑥机械施工严格执行一机一人专职使用制度,做到“五个一”,即一机、一人(专职防护)、一本(机械施工日志)、一牌(设备标识牌)、一证(机械操作证)。每台机械必须悬挂机械设备标识牌。

⑦机械操作室内悬挂安全操作规程;机械出入场所、施工现场出入口设置禁止和警示标志。施工场地狭小,行人和机械作业繁忙地段,应设临时交通指挥员。

⑧挖掘机、装载机、起重机、强夯设备等机械作业范围内,如有高压线、管线等,应有专人指挥作业,并设置危险源警示标志和安全隔离设施。打桩机应取得准用证,安装后验收合格;应有超高限位装置。

⑨施工现场安装、拆卸大型施工机械时,必须由具有相应资质的单位承担,施工单位负责人、安全环保部部长、质检部部长、安全(设备)主管工程师到场把关。转场时,应有“专项方案、专项检测、专项见证、专项放行、专项检查”,技术负责人、领工员、安全员、技术员及监理员应现场把关。大型施工机械夜间不得安排转场、移机。大型施工机械作业时现场必须有领工员、安全员、技术员、监理员等有关人员把关。

(2)路基清表安全要点。

①清除的草丛、树木,严禁放火焚烧,以防引起火灾。

②砍伐树木必须遵守下列规定:伐树前,应确定伐树范围,在伐树范围内应从保证安全的角度出发设置警戒线,非工作人员不得在范围内逗留、接近;在陡坡悬岩处砍伐树木,应有防止树木伐倒后顺坡溜滑和撞落石块伤人的安全措施;在山坡上严禁在同一地段上下同时进行砍伐作业;大风、大雾和雨天不得进行伐树作业。

③拆除建(构)筑物时,在进行拆除作业之前,应制订可靠、安全的拆除方案,并由有资质的施工单位进行拆除作业。

④清除淤泥时,应有相应清淤废弃物和排污的方案与措施。

(3)路基挖方时应注意的事项。

①建立健全施工安全管理机构和安全保障体系。

②施工机械设备应有专人负责保养、维修和看管。各种机械操作手、电工必须经培训、考核持有上岗证,同时经常加强对驾驶员、电工及施工人员的教育。

③分层开挖时,作业面必须相互错开,严禁重叠作业;坡面上的松动土、石块必须及时清除,严禁在危土、石下方作业、休息及存放机械、工具。

④爆破器材的储存与管理:必须存放在专用仓库、专人管理,不得存放在个人手中或流失;必须建立严格的领取、清退制度;爆破员在领取器材时必须经工区长、安全员、生产副经理均签字后方可领取,领取数量不得超过当班使用量,剩余的应在当天规定时间内退回仓库。

⑤爆破器材装卸、搬运安全:爆破器材在从储存库运到施工现场的工作,应在白天进行,并由专人在现场监督,设立警卫,禁止无关人员在场。卸货地点严禁烟火和携带发火物品。领取爆破器材后,应直接运到爆破地点,不得携带爆破器材在人群聚集的地方停留,禁止乱丢乱放。炸药、雷管应分别放在两个专用背包(木箱)内,禁止装在衣袋内。严禁雷管、炸药混放。

⑥施爆区警戒:点火前以红色旗、哨音为信号,定人定岗。按照计算的安全距离外 50m 设置警戒线,危险区半径内必须实行警戒,起爆前必须清场。在公路旁施爆提前 10min 由当地交警部门封闭交通,实行交通管制。点火前应从下风向敷设导火索和引爆物,只有在一切准备工作和全体人员均撤离到安全区后才准点火。

⑦挖方现场的各种排水沟渠,如截水沟、边沟等的水流不得直接排放到河流湖泊等水域中,也不得排放到饮用水源、农田、鱼塘中。

⑧施工中,对路基边坡可采取分段施工,清除的种植土及时异地堆放;工程弃土完成后应及时进行防护,保证环境的美观整齐。

⑨路基开挖中,应加强对野生动物生存环境的保护,不得在野生动物栖息地或通道附近设置弃土场。施工驻地、机械停放场地及临时用地,应与野生动物区栖息地或是通道距离保持在 1 000m 以外。

⑩采用湿孔凿岩,喷雾洒水,保持较好的空气环境。对有害气体的控制、噪声的处理:应严格控制装药量,尤其在洞室爆破、隧道挖掘时,应测定有害气体的浓度,不得超过允许浓度;人口密集稠密区爆破时,距离 20m 以外的噪声应控制在规定值内,一般控制在 95~115dB。

(4)路基填方时应注意事项。

①机械作业时,安全距离内严禁站人;夜间施工,施工现场设置足够照明装置;整个作业应有专人负责指挥。

②现场材料的保管,依据材料的性能分别采取必要的防雨、防潮、防火等措施;易燃易爆易碎物品应

分别存放,并设明显标志。

③工程机械应经常进行保养,各类机械操作人员应定期接受安全知识教育;雨季前各种机械应停置在安全地带,并应停置在路基上或挖方地段。

④施工现场设置必要的安全标志,主要路口应有专人指挥运输车辆,必要时应取得当地交通主管部门的协助。

⑤施工现场应制订洒水防尘措施,指定专人负责及时清理弃渣。

⑥施工垃圾堆放到固定地点并及时消纳,污水排放应实行封闭管理,尽可能地接入当地污水排放系统。

⑦施工中应尽量减少对自然环境的破坏,合理规划施工便道、施工场地、固定行车路线,施工车辆和施工机械按规定路线行驶,不随意碾压路线规定以外处,限制扩大人为活动范围,尽力不破坏地表植被。

(5)软土路基安全要点。

钻机定位后,钻机必须垫实、安放平稳,防止机具倾倒或钻具下落,造成人员伤亡或设备损坏。

(6)黄土路基安全要点。

雨季或者暴雨发生前,应将机械撤离路基边缘、挖方边坡平台。

(7)季节性冻土路基安全要点。

①施工现场必须抓好交通安全工作。夜间施工时,现场必须有符合操作要求的照明设备,施工路口、驻地应设置路灯,边坡顶应设置警示灯或反光标志。

②各种临时设施和场地,应严格规划,尽量减小对生态环境的破坏。

③在自然保护区及风景区路基开挖作业施工时,必须严格划定各种机械、人员行走路线,保证周围地表、植被的生态环境不受破坏。

(8)粉煤灰(填方)路基安全要点。

①施工现场设置必要的安全标志,主要路口应有专人指挥运输车辆,必要时应取得当地交通主管部门的协助。施工机械做到定期保养,保证设备的完好率。

②粉煤灰运输、装卸、堆放,应采取有效措施防止扬尘、流失与污染环境。

(9)煤矸石路基安全要点。

①煤矸石山都比较高、陡,挖掘机开挖前必须放坡,防止坍塌、避免伤人砸车。

②运输煤矸石应用篷布遮盖严实、防止遗撒,污染周围环境。

③矿区取料时,严禁滥开滥挖,取完后,应还田于民。

(10)沙漠路基安全要点。

①制订应急预案。按照有关要求制订应急预案,预案应经过演练并处于可执行状态。

②制订安全技术措施。施工技术方案中,应有专章编写安全技术措施。

(11)膨胀土(砂化)路基安全要点。

①取土作业时,严禁掏洞,避免造成塌方。挖掘土方前,应查明地下各种管线的敷设情况,并采取相应的保护措施,以防破坏。

②路基成型时,应有专人负责高程控制桩,并需注意人员的安全。

③消解石灰不得污染农田,石灰运输时应覆盖篷布。

(12)砂石换填路基安全要点。

①自卸汽车上下坡前应换入低速挡,不得中途换挡,下坡时应以内燃机阻力控制车速,必要时可间歇轻踏制动器,严禁踏离合器或空挡滑行;在坡道上停放时,下坡停放应挂上倒挡,上坡停放应挂上一挡,并应用三角木楔等塞紧轮胎。

②挖掘机回转时,禁止任何人上下车,在回转范围内人不得通行或停留。

③推土机行驶前,严禁有人站在履带或刀片的支架上,观察机械四周无障碍物,确认安全后,方可开动。

④压路机碾压时,振动频率应保持一致。对可调振频的振动压路机,应先调好振动频率后再作业,不

得在没有起振的情况下调整振动频率。

⑤压路机停机时先停振，然后将换向机构置于中间位置，变速器置于空挡，最后拉起手制动操纵杆，内燃机待机运转数分钟后熄火。

（13）路基土石方和高陡边坡施工及防护。

①施工前，应查明施工现场地面上、地面下原有建筑物、电缆线、管道等位置及其走向，在离电缆、光缆线1m距离之内设置标识。应按照施工组织设计的规定，对建（构）筑物、现状管线、排水设施，迁移或加固，应对加固部位经常检查、维护，保持设施的安全运行；在施工范围内可不迁移的地下管线等设施，应坑探、标识，并采取保护措施。现场技术负责人在开工前须对作业工人进行详细安全交底，并有明确的书面记录，不能擅自作业。

②高边坡施工时，须分级开挖，边开挖边防护，并加强监测，及时预警，及时清除危石、浮石。作业人员须按规定戴好安全帽，系好安全带，绑挂安全带的绳索应牢固拴在树干或插固的钢钎上，绳索应垂直（可参考附录B附图5），不得在同一安全桩上拴两根及两根以上的安全带或在1根安全带上拴2人及2人以上。必要时，须搭设牢固的脚手架和作业平台。

③支挡、高边坡防护及处置作业时，须搭设牢固的脚手架和作业平台。脚手架的搭设应参考主要机械设备和辅助设施的有关要求执行。作业平台上，应铺满脚手板，并设置上下爬梯、防护栏杆。防护栏杆高度为1.2m，立杆间距不得大于3.0m，横杆间距不得大于60cm。立杆和扶杆宜采用钢管制作，并涂防锈漆、红白相间的安全色。

④地质不良地段，应及时分段修建支挡工程（如混凝土灌注桩、抗滑桩、地下连续墙等支挡结构），待支挡结构的强度达到设计规定以后，才可开挖土方。

⑤支挡工程基础开挖时，应视土质湿度和挖掘深度设放边坡，必要时设置围壁支撑。

⑥挡墙、护面墙等砌筑工程施工时，墙下禁止站人，禁止在砌筑好的坡面上行走，禁止采用自由滚落的方式运输材料。修筑边沟所用的块石、片石及砂石材料应堆放整齐，严禁在已施工的路基表面堆放和拌和砂浆。

⑦在靠近建筑物、设备基础、电杆及各种脚手架附近挖土时，必须采取相应的安全防护措施。在地下管线附近施工，特别是靠近煤气管道及天然气管道时，应加强重视，严格控制开挖高程，并采取相应的安全措施。

⑧高填方路基填筑时，应当设专人指挥，机械与路基边缘距离须不小于30cm，确保轮胎（履带）压在经过压实的路基范围内。

⑨在施工中遇有以下情况之一时，应当立即停工，撤出人员和机具，并及时上报监理工程师和建设单位，以便及时采取措施：

A.填挖区土体不稳定，有发生坍塌危险时。

B.气候突变，发生暴雨、水位暴涨或山洪泥石流暴发时。

C.在爆破警戒区内发出爆破信号时。

D.地面涌水冒泥，出现陷车或因雨水发生坡道打滑时。

E.工作面净空不足以保证安全作业时。

⑩取土坑开挖时应根据土质、水文和开挖深度等选择安全的边坡坡度。取土坑开挖深度超过2m时，其边缘应设置警示带和警示标识。取土坑位于现场通道或居民区附近时，应当设置防护栏，夜间设置警示红灯。

⑪弃土应整齐堆放在指定的弃土场地。弃土下方和有滚石危及的区域下方有道路时，作业时严禁通行，同时设置警告标志。开挖工作应与装运作业面相互错开，严禁上下双重作业。

⑫施工作业区域应设置警戒带，警示标识。

（14）路基土石方爆破安全要点。

①爆破工程须编制爆破安全专项施工方案，经监理工程师批准后才可实施。

②爆破施工,应由相应资质的企业承担,由经过爆破专业培训、具有爆破作业上岗资格的人员操作。

③作业前,应进行安全技术交底,对周边环境进行调查,采取必要的安全防护措施。尤其应注意飞石防护,宜采用篱笆、胶管帘、草袋装土等材料进行防护。

④爆破作业,应提前告知爆破作业时间段,预告、起爆、解除警戒等信号应有明确的规定,并加强现场巡查、指挥。爆破时,应在警戒范围的边界设置明显的安全标志,并派人警戒。警戒区划分必须满足现行《爆破安全规程》(GB 6722—2014)规定的最小爆破安全距离。

⑤现场的爆破器材、炸药,应在专用库房存放,集中管理,必须实销实报;剩余的爆破材料必须当日退库,严禁私自存放,乱丢乱放。

⑥作业人员在保管、加工、运输爆破器材过程中,严禁穿着化纤衣服。

⑦爆破器材,应按规定要求进行检验,对失效及不满足技术条件要求的不得使用。同一爆破网络中,应使用同场、同批、同型号产品。

⑧爆破器材应由专人领取;炸药与雷管严禁由一人同时搬运;电雷管严禁与带电物品一起携带运送;爆破器材运送,应避开人员密集地段,直接送往工地,中途不得停留,并不得随地存放或带入宿舍。

⑨露天爆破遇到能见度不超过 100m 的大雾时,雷电、沙尘暴、暴风雪来临时,风力 6 级(含 6 级)以上的恶劣天气时,禁止爆破作业。

⑩选择炮位时,炮眼口应避开正对的电线、路口和构造物。凿打炮眼时,坡面上的悬岩危石应予以处理;严禁在残眼上打孔。

⑪装药前,应认真复核孔距、排距、孔深、最小抵抗线等,如不满足要求,应根据实测资料采取补救措施,或者修改装药量,严禁超装药。装药工作必须遵守下列规定:装药前应对炮眼进行验收和清理;对刚打成的炮眼应待其冷却后装药,湿炮眼应擦干以后才能装药。严禁烟火和明火照明,无关人员应撤离现场。应用木质炮眼棍装药,严禁使用金属器皿装药;深孔装药出现堵塞时,在未装入雷管、起爆药柱前,可以采用铜或木制长杆处理。不得采用无填塞爆破(扩壶除外),也不得使用石块和易燃材料填塞炮孔,宜采用细砂土、黏土或凿岩石的岩粉,填塞过程中不得破坏起爆网络;不得捣固直接接触药包的填塞材料或用填塞材料冲击起爆药包,也不得在深孔装入起爆药包后直接用木楔填塞;填塞炮眼时不得破坏起爆线路。已装药的炮孔必须当班爆破,装填的炮孔数量应以一次爆破的作业量为限。

⑫爆破时,应清点爆炸数与装炮数量是否相等,确认炮响完并过 15min 后,才能解除警报。解除爆破警戒后,必须清理作业面上的悬岩危石。清理时,须由上而下逐层进行,撬棍的高度不得超过人的肩膀,不得将撬棍紧抵腹部,也不得将撬棍放在肩上施力。确定安全后,施工人员和机械才可进场。

(15)爆破器材现场管理。

①领用爆破器材时,应按当日用量填写"爆破器材领用申请及消耗审核表",经施工负责人、物资等相关部门审核签字后,开具"领(发)料单";库房发料后,应分品种填写"收发存登记卡",并由领取人员签字。

②领用人员入库前,保管员须核对爆破器材领取人员身份,检查是否携带火种、易燃物及穿着是否满足防火要求,入库人员须填写出入库记录。

③保管员按照签署齐全的"爆破器材领用申请及消耗审核表"进行发料,并做好编号、账务登记,如数发放。

④爆破器材应按其出厂时间和有效期的先后顺序发放使用。

⑤发料时,保管员应根据由材料部门开发的"领(发)料单"和"爆破器材领用申请及消耗审核表"核对上一次领、用、退情况,然后如数发放,双方在"领(发)料单"和"爆破器材领用申请及消耗审核表"上签字。严禁随意更改数据,确需更改则须由审批人更改数据并签字。

⑥所有雷管标号在收料、发料、退料时须按要求进行登记并签名。

⑦保管人员每天应查库、清点、对账一次,填写爆破器材盘点表,须时时做到账物相符。

⑧爆破器材在运送至现场后,现场爆破负责人负责监督工作人员按照现行《爆破安全规程》(GB 6722—2014)的相关规定存放和使用。

⑨从库房运至施工地点的运输车辆,应经过公安机关审批,运输时应遵守下列规定:

A.行驶速度不超过 10km/h。

B.不应在上下班时间或人员集中地区运输。

C.应在道路中间行驶,会车、让车时应靠边停车。

⑩装卸爆破器材时,须遵守下列规定:

A.应有爆破安全员现场监督。

B.禁止爆破器材与其他货物混装。

C.须检查运输工具的完好状况,清除杂物。

D.严禁摩擦、撞击、抛掷爆破器材。

E.炸药或雷管的装运量,严禁超过运输工具额定载质量。

F.爆破器材的装载高度不得超过车厢边缘。

G.分层装载爆破器材时,严禁站在下层箱(袋)上去装上一层。

H.遇雷雨或暴风雨时,禁止装卸爆破器材。

I.装卸和运输爆破器材时,严禁烟火,严禁携带发火物品、手机等易产生静电的通信器材。

⑪人工搬运爆破器材时,须遵守下列规定:

A.在夜间或隧道中,应随身携带完好的矿用蓄电池灯、安全灯或绝缘电筒。

B.一人不得同时携带雷管和炸药。

C.雷管应放在专用防爆箱内。

D.领到爆破器材后,应直接送到爆破地点,禁止随意丢放。

E.不得提前班次领取爆破器材,不得携带爆破器材在人群聚集的地方停留。

⑫人工运输时,一人一次运送的爆破器材数量不超过下列规定:

A.雷管:5 000 发。

B.拆箱(袋)搬运炸药:20kg。

C.背运原包装炸药:1 箱(袋)。

D.挑运原包装炸药:1 箱(袋)。

E.用手推车运输爆破器材时,装载质量不应超过 300kg,运输过程中应采取防滑、防摩擦和防止火花等安全措施。

⑬退库。

A.爆破作业完成后,现场监理、爆破员与施工负责人在现场共同核实爆破器材的实际消耗情况,填写当日的"爆破器材领用申请及消耗审核表",签字确认后交爆破器材库管理员。

B.未用完的爆破器材由爆破负责人及时清点、退库,严禁带回驻地或随意存放,严禁私藏、转让、丢弃、买卖。库管员对退库的爆破器材进行清点,登记入库。

(16)特殊路段施工防危石。

①当山体有落石滚落的危险时,在落石滚落路径的下方适当位置应设置普通落石阻拦网或加强型排架阻拦网。

②在风化较严重的山体坡面,对风化坡面防护直接用锚钉将柔性防护网挂于坡面。

(17)基底处理要点。

①地下管线、电缆、光缆等需要迁移的,应及时联系相关部门进行迁移;管线位置不明时,应挖十字沟进行探测,在显著位置标出管线位置,加以保护。

②软基路段桩基施工时,必须采取安全防护措施并设立警告标志,标明非工作人员不得入内。

(18)弃渣场。

①一般规定。

A.弃渣场应选择距离施工现场较近的场所,不得占用其他工程场地和影响附近各种农田、畜牧区水利设施，不占或少占农田、草原；不得堵塞河道、河谷，防止抬高水位和恶化水流条件，不得挤压桥梁墩台及其他建筑物，弃渣量不得大于设计容量。

B.弃渣场应按照设计图纸设置，新增、扩容弃渣场时应编制专项方案，经项目技术负责人审核报监理工程师批准。涉及河道的方案须包括排水、行洪等措施，还应报当地相关主管部门。

C.弃渣场的位置与高度应保证边坡、山体和自身的稳定，并不得影响附近建筑物、农田、畜牧区、水利、河道、交通和环境等。

D.弃渣场应按照“先支挡、后弃渣”的原则进行防护。

②安全防护设施。

A.弃渣场临边，应设置防护措施，并设置安全标志标识。有行人、行车道的，须采取隔离或封闭措施。

B.在滚石路段，也应设置防止落石等警示标志。弃渣场车辆运输通道应设置安全警示标识标牌。

③安全管理要点。

A.弃渣场弃渣前，需清除原植被，对地面进行整平，坡面挖成1m宽台阶状。

B.弃渣应按规定分层填筑和压实，弃渣场底部应填筑硬质岩渣。

C.填筑过程中应做好临时排水措施，防止水土流失、泥石流、滑坡等危害。

D.弃渣作业时，现场应有专人指挥。

3.2.2　路面工程

1）一般规定

（1）施工方案中应明确路面施工的安全技术措施，经项目技术负责人审核报监理工程师批准后严格实施。分项工程施工前，须进行技术交底。专职安全员应参与工程施工组织设计和重大方案的决策，应对施工各环节、安全措施进行验收和日常检查，建立健全安全管理档案。

（2）路面施工应尽量避免夜间施工，如果需要夜间施工，必须有相应的夜间施工安全技术措施，经项目技术负责人审核报监理工程师批准后严格实施。

（3）项目部按合同文件配备足够专职安全员，全面负责安全生产，教育施工人员严格执行安全操作规程，并定期进行安全检查。

（4）施工机电设备应有专人负责保养、维修和看管。施工现场的机电器具、电线、电缆应尽量放置在无车辆、人、畜通行的部位。

（5）施工机械设备严禁非操作人员操作。夜间施工时，施工机械上均应有照明设备和明显的警示标志。

（6）施工过程中，应制订发电机组、运输车、滑模摊铺机等大型机械设备及其辅助机械（具）的安全操作规程，并在施工中严格执行。

（7）施工现场必须做好交通安全工作；施工现场及其附近重要交叉口设醒目安全标志（包括警告标志，导向标志，限速标志等标识），专人指挥，禁止与施工无关人员进入施工作业区。所有路口、便道口、模板及基准线桩附近，应设置警示灯或反光标志，专人管理灯光照明。

（8）施工机械应靠边停放，周围必须设置明显的安全标志，正对行车方向应提前200m引导车辆转向。

（9）所有施工机械、电力、燃料、动力等操作部位，严禁吸烟或有任何明火。同时设置专职安检员对其进行定期和不定期检查，并做好检查记录。

（10）现场操作人员必须按规定佩戴防护用具。使用有毒、易燃的燃料、填缝料、外加剂、水泥或粉煤灰时，其防毒、防火、防尘等应按有关规定严格执行。

（11）层间施工接茬处，须提前设置减速预告标志，并采取措施保证车辆安全通过。路面工程施工过程中，应采取措施，避免对已完成的桥梁、隧道等工程造成损坏，引发安全事故。

（12）严禁路面施工人员疲劳作业，禁止在施工机械附近休息。

(13)施工前确认施工范围内(地上、地下)的各类设施,如电线、电缆、管道及其他建筑物并采取措施妥善处理。在挖方、取弃土坑、电力设备等区域,应设置危险警示标志,必要时应采取围挡措施。

(14)对发电机、配电房、电闸箱和电缆接头等安全薄弱环节重点检查,所有机械须带漏电保护器。

(15)隧道路面施工时,洞口应专人指挥,并设置警告标志。做好洞内施工的照明和通风工作,具体措施参考夜间施工相关要求执行。

2)基层施工安全要点

(1)石灰场应选择远离居民区、农作物和易燃物的空旷场地,周围应设护栏,不得堆放在道路上,并注意洒水防尘。消解石灰,不得在浸水的同时边投料、边翻拌,工作人员必须穿戴规定的防护服装及设备,非工作人员应远避,以防烫伤。

(2)装卸、撒铺及翻动粉状材料时,操作人员应站在上风侧,轻拌轻翻减少粉尘;散装粉状材料宜使用专门的粉料运输车运输,否则车厢上应采用篷布遮盖;装卸尽量避免在大风天气下进行。

(3)施工作业人员须配备反光安全帽、反光背心,粉尘比较多时必须佩带防护口罩。

(4)运输、摊铺、碾压。

①运输车辆必须按规定路线行驶,听从现场负责人指挥。

②运输车辆在卸料过程中严禁撞击摊铺机,同时在摊铺过程中严禁制动过紧,造成摊铺机的不匀速前进。

③卸料车辆在摊铺机前方10~20cm处停车(严禁料车碰撞摊铺机),由摊铺机活动推棍迎上去推动卸料车,一边前进一边卸料,卸料速度应与摊铺速度相协调,卸料时应有专人指挥。

(5)场拌稳定土机械作业。

①皮带运输机应尽量降低供料高度,以减轻物料冲击,在停机前必须将料卸尽。

②拌和机仓壁振动器在作业中铁芯和衔铁不得碰撞,如发生碰撞应立即调整振动体的振幅和工作间隙,仓内不出料时,严禁使用振动器。

③拌和结束后,给料斗、储料仓中不得有存料。

④搅拌壁及叶桨的紧固状况,应经常检查,如有松动应立即拧紧。

(6)碎石撒布机作业。

①自卸汽车与撒布机联合作业,应紧密配合,以防碰撞。

②撒布碎石,车速应稳定,不应在撒布过程中换挡。严禁撒布机长途自行转移。

③在工地做短距离转移,必须停止拨料辊及皮带运输机的传动,并注意道路状况以防碰坏机件。

④作业时无关人员不得进入现场,以防碎石伤人。

⑤石料的最大粒径不得超过说明书中的规定。

(7)洒水车作业。

①洒水车在公路上抽水时,不得妨碍交通。

②在有水草和杂物的水道中抽水,吸水管端应加设过滤网罩。

③洒水车在上下坡及弯道运行中,不得高速行驶,并避免紧急制动。

④洒水车驾驶室外不得载人。

3)沥青路面施工安全要点

(1)一般规定。

①沥青加热及混合料拌制,宜设在人员较少、场地空旷的地段;产量较大的拌和设备,应增设防尘设施。

②液态沥青车出口阀门,应认真检查其可靠性和密封性。使用时应遵守下列规定:

A.用泵抽送热沥青进出油罐时,工作人员应避让。

B.向储油罐注入沥青时,当浮标指标达到允许最大容量时,应及时停止注入。

C.满载运行时,遇有弯道、下坡时应提前减速,避免紧急制动。油罐装载不满时,应始终保持中速行驶。

③导热油加热沥青时,应遵守下列规定:

A.加热炉使用前,必须进行耐压试验,水压力应不低于额定工作压力的两倍。

B.对加热炉及设备,应作全面检查,各种仪表应齐全完好,泵、阀门、循环系统和安全附件应满足技术和安全要求,超压、超温报警系统应灵敏可靠。

C.必须经常检查循环系统有无渗漏、振动和异声,定期检查膨胀箱的液面是否超过规定,自控系统的灵敏性和可靠性是否满足要求,并定期清除炉管及除尘器内的积灰。

D.导热油的管道应有防护设施。

④施工作业人员须配备反光安全帽、反光背心、防毒口罩和抗高温鞋等个人防护用品。从事沥青路面施工、监理的人员工作前,必须熟悉沥青的性能和防止沥青烫伤、皮肤过敏、中毒等注意事项,工作时应配备相应的劳动保护设施;使用煤沥青时,应采取措施防止工作人员吸入煤沥青或避免皮肤直接接触煤沥青造成身体伤害;进行沥青或沥青混合料试验时,应防止烫伤;使用三氯乙烯做沥青抽提试验时,应在专用的通风房间内进行,操作人员应佩戴防毒面具。

⑤沥青储油罐及周围必须设置齐全的消防安全设施。

(2)沥青洒布车安全要点。

①检查机械、洒布装置及防护、防火设备是否齐全有效。

②喷灯使用前,应进行例行检查,检查前和使用时必须先封闭吸油管及进料口。手提式喷灯点燃后不得接近易燃品。

③满载沥青的洒布车应中速行驶,遇有弯道、下坡时,应提前减速,尽量避免紧急制动。行驶时,严禁使用加热系统。

④驾驶员与机上操作人员应密切配合,操作人员应齐全佩戴防护用品,注意自身安全。作业时,在喷洒沥青方向10m以内不得有人停留。

(3)沥青混合料拌和设备安全要点。

①作业前,热料提升斗、搅拌器及各种称斗内不得有存料。

②配有湿式除尘系统的拌和设备,应检查其除尘系统的水泵及其他部件是否完好,保证喷水量稳定且不中断。

③卸料斗处于地下底坑时,应防止坑内积水淹没电器元件,并及时清除坑内积水。

④拌和机启动、停机,必须按规定程序进行。点火失效时,应关闭喷燃器油门,待充分通风后再行点火。需要调整点火时,必须先切断高压电源。

⑤液化器点火时,必须认真检查减压阀及压力表,使其完好可靠,才可使用。燃烧器点燃后,必须关闭总阀门。

⑥连续式拌和设备的燃烧器熄火时,应立即停止喷射沥青。当烘干拌和筒着火时,应立即关闭燃烧器鼓风机及排风机,停止供给沥青,再用含水率高的细集料投入烘干拌和筒,并在外部卸料口用干粉或泡沫灭火器进行灭火。

⑦关机后,应清除皮带上、各供料斗及除尘装置内外的残余积物,并清洗沥青管道。

(4)沥青混合料拌和安全要点。

①在接通电源前,应先检查各开关的位置是否正确,并注意各部位接通电源的顺序。

②按设备的电路连锁关系,顺序启动各部位电机;启动时操作员应观察设备运转是否正常,如有异常,立即通知控制室,采取相应措施。

③在生产稳定时,应对仪表显示各种数据进行记录,如温度、气压、电流等。

④在设备全部停机后,才可进行设备的清洁。

⑤拌和站必须设置有效的避雷装置。

⑥拌和站必须设置足够有效的灭火器材,且铭牌必须朝外,详见场站安全相关规定。灭火器材应放

置于易于取放和避光处。

⑦所有用电设备应带漏电保护器,变压器围挡应设置用电安全警告。

(5)沥青混合料运输安全要点。

①运料车驾驶员每天应对车辆进行检查、维护,确保沥青混凝土运输过程中车辆始终保持良好的运行状态。

②运料车在接近拌和站进、出口时,提前50m减速至10km/h,并打开应急灯,在专人指挥下掉头和进出。

③热拌沥青混合料宜采用较大吨位的运料车运输,运料车的载荷应有富余,严禁超载或急制动、急转弯掉头。

(6)沥青混合料摊铺安全要点。

①驾驶台及作业现场应视野开阔,清除一切有碍工作的障碍物。作业时无关人员不得在驾驶台上逗留。驾驶员不得擅离岗位。

②运料车向摊铺机卸料时,应协调动作,同步进行,防止互撞。

③换挡必须在摊铺机完全停止时进行,严禁强行挂挡和在坡道上换挡或空挡滑行。

④驾驶应力求平稳,不得急剧转向。弯道作业时,熨平装置的端头与路缘石的间距不得小于10cm,以免发生碰撞。

⑤清洗摊铺机时,不得接近明火。

(7)沥青混合料碾压安全要点。

①压路机作业前,应检查所有操作部件、仪表、制动器及转向机构,确保一切正常后才可进行操作。压路机开动前,应确认压路机前后无障碍或人员后,才可启动。

②压路机在各种路段上作业时,应与路基边缘保持一定的安全距离。

③碾压作业时,应严格按照安全操作规定执行,听从现场施工指挥人员指挥。

④压路机因故临时停车时,应立即将压路机置于制动状态。作业后,应集中停放在平坦坚实的地方,不得停放在路边缘及斜坡上,也不应停放在妨碍交通的地方。

4)水泥混凝土路面施工安全要点

(1)混凝土拌和与运输。

①混凝土拌和。

A.作业前的要求。

a.检查拌和站的电源稳定情况,确保电源电压升降幅度不超过额定值的5%。

b.检查拌和站的各传动机构、工作装置、制动器等,确保其均紧固可靠;开式齿轮、皮带轮等均应有防护罩。

c.检查空压机有无异响和漏气现象,是否可以使用气动设备。

d.检查送料器的驱动装置,在轨道运行和进入称量台时是否自如,检查钢丝绳的张紧度是否适合。

e.作业前,应进行料斗提升试验,应观察并确认离合器、制动器是否灵活可靠。

f.拌和站的上料斗地坑的坑口周围应垫高夯实,应防止地面水流入坑内;上料轨道架的底端支承面应夯实或铺砖,轨道架的后面应采用木料加以支承,应防止作业时轨道变形。

B.作业中的要求。

a.有紧急停机装置的拌和设备,在设备和人员发生险情时,应该立刻启动紧停装置。

b.设备在运行中发现突然停车的情况时,应立即切断电源,在没有查明故障前,不得再次启动。

c.拌和站应该尽量避免带负荷停机和启动,如果有特殊情况需要带负荷启动时,启动时间应在3s内,严禁强行启动。

d.清除称量台附近的障碍物时,应将送料器抬高到适当的高度,并插上安全销。

e.在运行中,应经常检查电器设备、电器元件和线路各部分是否正常,发现异响、异味时,应立即停机检查处理。

f.排除故障或者处理事故时,应该切断电源,严禁在设备运转中进行检修。

g.拌和机进料时,严禁将头或手伸入料斗与机架之间;运转中,严禁用手或工具伸入搅拌筒内扒料、出料。

h.搅拌机作业中,当料斗升起时,严禁任何人在料斗下停留或通过;当需要在料斗下检修或清理料坑时,应将料斗提升后用铁链或插销锁住。

C.作业后的要求。

a.作业后,应将料斗降落到坑底,当需升起时,应用链条或插销扣牢。

b.在搅拌楼的拌和锅内清理黏结混凝土,无电视监控的搅拌楼,必须有两人以上才可进行,一人清理,一人值守操作台;有电视监控的搅拌楼,必须打开电视监控系统,关闭主电视电源,并在主开关上挂警示红牌。

c.冬季作业后,应将水泵、放水开关、量水器中的积水排尽。

②混凝土运输。

A.作业前的准备。

a.检查运输搅拌车的各种仪表、指示灯是否完好,读数是否正常。

b.检查运输搅拌车的紧急制动系统状态是否完好。

c.启动运输搅拌车的发动机,接通动力输出轴,保持滚筒在低速下转动直到液压油温升到规定的温度后才可正常运转。

B.作业中的要求。

a.混凝土运输过程中,运输搅拌车滚筒的速度应在2~3r/min内转动,在转弯和不平道路上行驶,应该低速行驶。

b.当运输车搅拌的传动系统出现故障,液压油中断而导致滚筒停止转动,暂时无法排除修复时,应利用紧急排除系统将混凝土排除。

c.禁止用手或手持物触碰旋转中的搅拌筒和随动轮。

d.运输搅拌车在公路上行驶时,应严格遵守交通规则,安全让车,中速行驶。

e.运输车辆倒退时,车辆应鸣后退警报,并有专人指挥和查看车后。

(2)水泥混凝土路面摊铺安全要点。

①施工前应建立和健全安全生产管理制度,制订安全生产操作规程。

②施工现场必须做好交通安全工作,在不中断交通施工的情况下,应在施工现场设立明显警示标志,有专人负责指挥和维持交通秩序,确保施工和交通安全。夜间施工,路口及基准线桩附近应设置警示灯或反光标志,专人管理灯光照明。

③施工机电设备应有专人负责保养、维修和看管,确保安全生产。施工现场的电线、电缆应尽量放置在无车辆、人、畜通行部位。

④现场操作人员必须按规定佩戴防护用品。

⑤滑模摊铺机安全要点:

A.施工中,布料机支腿臂、松铺高度梁和滑模摊铺机支腿臂、搓平梁、抹平板上严禁站人及操作。夜间施工时,在滑模摊铺机上应有明亮的照明和明显的警示标志。滑模摊铺机停放在通车道路上,周围必须设置明显的安全标志,夜间应用红灯警示。

B.施工中禁止机手擅离操作台,严禁任何明火。

(3)切缝与养护。

①切缝机锯缝时,刀片夹板的螺母应紧固,各连接部位和安全防护罩应检查,必须完好正常。切缝前应先打开冷却水,冷却水中断时,应停止切缝。切缝时,刀片应缓缓切入,并注意切入深度指示器,当遇有较大切割阻力时,应立即升起刀片检查。停止切缝时,应先将刀片提离板面后才可停止运转。

②薄膜养护的溶剂，一般具有毒性和易燃性等特性，应做好储运装卸的安全工作。喷洒时应站在上风口处施工，并穿戴好安全防护用品。

(4)压实与碾压安全要点。

①严禁在压路机没有熄火、下无支垫三角木的情况下，进行机下检修。

②压路机应停放在平坦、坚实并对交通及施工作业无妨碍的地方；停放在坡道上时，前后轮应支垫三角木。

3.2.3 桥涵工程

1)一般规定

(1)施工技术方案中应明确桥梁施工安全技术措施，桥梁工程的桩基础、深水基础、围堰工程及梁、拱、柱等构件施工应编制安全专项施工方案，经项目技术负责人审核报监理工程师批准后严格实施。分项工程施工前，应进行技术交底。

(2)单孔跨径超过 80m 的桥梁以及其他特殊结构的大型桥梁，须建立桥梁施工监控系统，确保桥梁施工安全合理。

(3)对于江河上的桥梁工程，施工前应到航道、水利等行业主管部门办理相关手续。

(4)单元工程(分部分项工程)应设置明显的风险告知牌。

(5)桥梁工程施工的辅助结构、临时工程及大型设施等，应按有关规定做好安全防护措施，各项安全防护措施完成后，经检验合格方能使用。

(6)高处露天作业，缆索吊装及大件构件起重吊装时，应根据作业高度和现场风力大小、对作业的影响程度，制订适于施工的风力标准。遇到 6 级(含 6 级)以上大风时，上述施工应停止作业。

(7)临时用电、消防等参考本分册第 4 章中的相关要求执行。

(8)用于施工现场的安全帽必须符合质量标准，进入现场的每一个人都应佩戴安全帽，并应严格按照规定佩戴。架桥机、门架上的所有人员必须佩戴安全帽、保险带、绝缘鞋、劳保手套。

(9)高空作业要求。

①在 2m 以上高度作业时，应安装防护设施，如果条件不允许，必须使用安全带，或者安全防护网。

②当进行高空作业时，应避免在其下面有低空作业，如果因施工原因必须交叉作业，应加强安全防护，严禁非作业人员进入。

③做好必要的防护网、防护栏杆等安全措施；作业时至少两人，一人作业，一人看护。

2)钢筋和模板施工安全技术措施

(1)钢筋施工。

①钢筋加工。

A.钢筋除锈时，操作人员应戴好防护眼镜、口罩、手套等防护用品。

B.钢筋加工机械的安装应坚实、牢固，保持水平位置，室外作业应设置机棚。

C.使用电动除锈时，应先检查钢丝刷固定有无松动，检查封闭式防护罩装置、吸尘设备和电气设备的绝缘及接地是否良好。

D.送料时，操作人员应侧身操作，严禁在除锈机的正前方站人；长料除锈应有两人操作，互相呼应，紧密配合。

E.钢材、半成品等应按规格、品种分别堆放整齐，制作场地应平整；工作平台应稳固，照明灯具必须加装网罩。

②钢筋焊接。

A.焊机在工作前必须对电气设备、操作机构和冷却系统等进行检查，并用试电笔检查机体外壳有无漏电现象。

B.焊机应放在室内和干燥的地方，机身应平稳牢固，周围严禁放置易燃物品。

C.操作人员操作时,应站在橡胶板或木板上,严禁坐在金属椅子上。

D.焊接前,应根据钢筋截面调整电压,使与所焊钢筋截面相适应,禁止焊接超过机械规定直径的钢筋;发现焊头漏电,应立即更换。

E.对焊机断路器的接触点、电极(钢头),应定期检查修理。

F.焊接较长钢筋时,应设立焊接支架。

G.工作棚应用防火材料搭设,棚内严禁堆放易燃、易爆物品,灭火器材备置的具体要求参考场站建设部分。

③钢筋绑扎与安装。

A.绑扎基础钢筋时,应按施工设计规定摆放钢筋支架或马凳架起上部钢筋,操作前应检查基坑土壁和支撑是否牢固。

B.绑扎立柱钢筋,不得站在钢筋骨架上操作或攀登骨架上下;竖筋长度在4m以内,质量不大时,可在地面绑扎,再整体竖起;竖筋长度在4m以上时,应搭设工作台。

C.在高处绑扎和安装钢筋时,注意不要将钢筋集中堆放在模板或脚手架上,对操作人员应有相应的安全防护措施。

D.应尽量避免在高处修整、扳弯粗钢筋,在必须操作时应系好安全带,选好位置,人应站稳。

E.在高处、深基坑绑扎钢筋和安装骨架时,必须搭设脚手架和爬梯,无操作平台时应系好安全带。

F.安装绑扎钢筋时,钢筋不得碰撞电线,在深基础或夜间施工需使用移动式灯具照明时,其电压不应超过36V。

G.先张法的钢筋绑扎应在预应力筋张拉完成后及时进行。

(2)模板施工。

①模板安装。

A.模板及其支架在安装过程中,必须采取有效的防倾覆临时固定措施。

B.安装2m以上的模板,应搭设脚手架,并设防护栏杆,禁止在同一垂直面上下操作。

C.操作人需登高必须走人行爬梯时,严禁利用模板支撑攀登上下。

D.模板安装时,上下应有人接应,随装随运,严禁抛掷;不得在脚手架上堆放大批模板等材料。模板上施工荷载不应超过规定,模板上堆料应均匀。

E.垂直吊运模板时,必须满足以下要求:吊运大块或整体模板时,竖向吊运应不少于2个吊点,水平吊运应不少于4个吊点;必须使用卡环连接,并应稳起稳落,待模板就位连接牢固后,才可摘除卡环。

F.当承重焊接钢筋骨架和模板一起安装时,应满足下列要求:模板必须固定在承重焊接钢筋骨架的节点上,安装钢筋模板组合体时,吊索应按模板设计的吊点位置绑扎。

G.当支撑呈一定角度倾斜,或其支撑的表面倾斜时,应采取可靠措施确保支点稳定,支撑底脚必须有可靠的防滑移措施。

H.对梁和板安装二次支撑时,在梁、板上不得有施工荷载,支撑的位置必须准确。

I.已安装好的模板上的实际荷载不得超过设计值;已承受荷载的支架和附件,不得随意拆除或移动。高空、复杂结构模板的安装与拆除,事先应有切实的安全措施;遇6级及6级以上的大风时,应暂停室外的高空作业。

J.作业员必须戴好安全帽,高空作业人员必须系好安全带。

②模板拆除。

A.模板不应与脚手架连接。模板拆除时,应划分作业区,悬挂警示标志,并按规定的拆模程序进行。拆除区域设置警戒线且有专人监护,预留未拆除的悬空模板及模板工程应经过验收。

B.拆模时混凝土的强度应满足设计要求,当设计无要求时,应符合下列规定:

a.非承重的侧模板,包括梁、柱、墙的侧模板,只要混凝土强度能保证其表面及棱角不因拆除模板而受损坏时,即可拆除。

b.承重模板,包括梁、板等水平结构件的底模,应根据与结构同条件养护的试块强度达到相应的规定时,才可拆除。

c.后张法预应力混凝土结构或构件模板的拆除,侧模应在预应力张拉前拆除,其混凝土强度达到侧模拆除条件即可。

C.拆模之前必须有拆模申请,并根据同条件养护试块强度记录达到规定时,技术负责人才可批准拆模。

D.拆模作业时,必须设警戒区,严禁下方和侧面有人进入;作业人员必须站在平稳牢固可靠的地方,保持自身平衡,不得猛撬,以防失稳坠落。

E.拆模时应配置登高用具或搭设支架,必要时应系好安全带。

F.拆模间歇时,应将已活动的模板、拉杆、支撑等运走或妥善堆放,防止因踏空、扶空而坠落。

G.用起重机吊运拆除的模板时,模板应堆码整齐并捆牢后,才可吊运。

H.拆除模板时,作业人员应站立在安全地点进行操作,防止在上下同一垂直面工作。

3)基础工程

(1)明挖基础。

①挖基工程所设置的各种围堰和基坑支撑,其结构须坚固牢靠。基础施工中,挖土、吊运、浇筑混凝土等作业时,严禁碰撞支撑,且不得在支撑上放置重物。施工中发现围堰、支撑有松动、变形等情况时,应及时加固,危及作业人员安全时应立即撤出。

②开挖基坑时,应根据土质、水文等情况,按规定的边坡坡度分层下挖,严禁局部深挖,掏洞开挖。遇到有流沙、涌水、涌沙及基坑边坡不稳定现象发生时,应立即采取防护加固措施。

③基坑支撑拆除时,应在施工负责人的指导下进行。拆除支撑应与基坑回填相互配合进行。有引起坑壁坍塌危险时,需采取安全措施。

④取挖土机械开挖基坑,坑内不得有人作业。挖掘机等机械在坑顶进行挖基出土作业时,机身距坑边的安全间隔应视基坑深度、坡度、土质情况而定,一般应不小于1m。

⑤开挖基坑的人员不得在坑壁下休息。

⑥基坑边缘1m以内严禁堆土或堆放物料,距基坑边缘1~3m之间堆土高度不得超过1.5m,距基坑边缘3~5m之间堆土高度不得超过2.5m。边沿停放机械距基坑边缘应不小于4m。

⑦基坑开挖时应当根据土质、水文和开挖深度等选择安全的边坡坡度或支撑防护。基坑开挖深度超过2m时,须设置上下基坑的安全通道,基坑边缘应设置安全护栏和警示标志。防护栏杆高度为1.2m,立杆间距不得大于3.0m,立杆打入地面深度不小于50cm,横杆与上下件之间距离不得大于60cm。立杆和扶杆宜采用钢管制作,并涂防锈漆、红白相间的安全色(可参考附录B附图6)。

⑧基坑位于现场通道或居民区附近时,应设置隔离设施、安全防护设施及警示标志,夜间增设警示红灯。如对邻近建(构)筑物或临时设施有影响时,应采取防护措施。

⑨基坑开挖需机械抽排水时,须配备足够的抽排水设备。

⑩基坑周边应每隔5m在安全护栏顶部设置一盏夜间警示灯,夜间警示灯颜色为红色。

(2)钻孔桩基础。

①钻机安全要点。

A.钻机安装前应检查并确认钻杆和各部完好、无变形。钻机、钻具和吊钻头的钢丝绳应满足要求,使用时应有专人检查维修。

B.钻机应安置平稳、牢固,汽车式钻机应架好机腿将轮胎支起。

C.钻杆不得在地面上接好后一次起吊安装。

D.启动前应检查并确认钻机各部件连接牢固,传动带松紧适当,减速箱内油位符合规定,限位报警装置有效,操纵杆位于空挡位置。

E.钻机启动后应空运转运行,检查仪表、温度、制动等确认正常后,才可作业。检查机械时,应在孔口搭设临时脚手板，谨防坠落孔内。

F.钻架应加设斜撑或缆风绳。

G.钻机皮带转动部位不得外漏；所使用的电器线路须为橡胶防水电缆。

H.钻机平台和作业平台，特别是水上钻机平台应搭设坚固牢靠，并铺满脚手板，设防护栏、人行道。

②安全防护、警示标志。

A.桩机作业区域应平整，采取安全防护措施并设立警示标志，非工作人员未经批准不得入内。

B.已埋设护筒未开钻或已成桩护筒尚未拔除的应有必要的防护措施，如加设护筒顶盖或铺设安全网遮罩，或设置孔口安全护栏等。

C.泥浆池周边应设警戒设施。

D.夜间泥浆池处应设置警示灯，警示灯颜色为红色。

③钻孔桩施工安全要点。

A.桩机作业区域平整，采取安全防护措施并设立警示标志，非工作人员不得入内。

B.在进行钻机安装时，机架应垫平，保持稳定，不得产生位移或沉陷，钻架顶端应用缆风绳对称张拉，地锚应牢固。钻机需设工程标识牌，标明所施工桥名、墩台及桩位编号、护筒顶高程、设计桩长、桩径及桩底高程等，施工中并做好详细钻孔记录，保留好渣样。

C.制浆池、储浆池和沉淀池周围1m处设置防护围栏，并设置安全标识；制浆材料的堆放地应有防水、防雨和防风措施；弃渣泥浆应及时外运，施工完成后及时回填。

D.现场人员一律佩戴安全帽，吊装钢筋笼时不应站在机械臂活动半径范围内。钢筋笼安装时，须采取临时固定措施。

E.对起吊设备应经常进行安全检查，对破损部件应及时更换；钻孔施工设备停放地点应平整、夯实，并避开高压线。卷绕钢丝绳时，严禁人员从钢丝绳上跨越。卷扬机卷筒上的钢丝绳不得放完，应至少保留三圈，严禁人拉钢丝绳卷绕。电动卷扬机在工作中如遇停电或停机检查保养时，须将电源关闭。工作停止后，须关闭电源，锁好开关箱。

F.钻孔机具、孔口区域及泥浆池四周应设置围挡，钻孔机具、孔口区域宜采用彩钢板，泥浆池宜采用隔离栅进行封闭，并设置安全警示、警告等标志（可参考附录B附图7）。钻孔停止施工时，孔口须设置罩盖及标志。

G.当不得不在高压电线下钻孔施工和下沉钢筋笼时，应采取相关安全措施，钻机塔顶和吊钢筋笼的吊机桅杆顶上方2m内严禁有任何架空障碍物。钢筋笼起吊和分段接长应慢起慢落，控制稳定。雷雨天气，作业人员不得在钻机下停留，防止碰撞、电击等意外事故发生。

（3）挖孔桩基础。

①从事挖孔桩的作业人员必须经过专业安全技术培训。作业人员必须规范佩戴安全防护用品。孔内应设半圆形防护罩，并随挖掘深度逐层下移。

②人工挖孔桩施工前，应编制相应的安全技术方案；项目经理部主管施工的技术人员必须向承担施工的现场负责人进行安全技术交底并形成文件；现场负责人必须向全体作业人员进行详细的安全技术交底，并形成文件。

③人工挖孔时，对孔壁的稳定及吊具设备等，应经常检查。孔口提升设备应有专人管理，并设置高出地面的围栏；孔口不得堆积土渣和机具；作业人员的上下，应采用软梯，软梯必须牢靠，如采用机械提升出入时，须采用专用的吊篮；夜间作业应悬挂警示灯；挖孔暂停时，孔口应设置井盖及警示标志，并设专人看护。

④人工挖孔桩孔口护壁应高出地面30cm，其上应设置活动式半圆形护栏，护栏立柱采用钢管。提升机具及孔口区域须进行围挡，围挡宜采用隔离栅，并设置安全警示标识（可参考附录B附图8）。挖孔暂停时，孔口应设置罩盖及标识标牌，罩盖须牢固可靠。

⑤当挖孔较深或有渗水时，应采取孔壁支护及排水、降水等措施，严防塌方。

⑥挖孔桩基础施工时,应增加地面上的作业人员与孔内挖孔人员,根据实际情况定时轮换。定时轮换间隔应书面明确,避免因孔内作业人员长时间施工,造成疲劳而形成不安全因素,同时也避免孔内因氧气稀薄而造成孔内作业人员因缺氧而造成不安全因素。

⑦挖孔桩内的空气污染物超过现行《环境空气质量标准》(GB 3095—2012)规定的各项污染物的浓度限值二级标准时,必须采取可靠的通风措施。挖孔时,应经常检查孔内气体情况,二氧化碳含量超0.3%或作业人员有呼吸不适感觉时,应立即通风或换班。挖孔人员下孔作业前,应先用鼓风机将孔内空气排出更换。人工挖孔深度超过10m时,必须采用机械通风;当使用风镐凿岩时,应加大透风量。

⑧相邻两孔,一孔进行混凝土浇筑时,另一孔的工作人员应停止作业,并撤出井孔。

⑨现场工作人员须正确使用安全防护用品,井下人员工作时,井上配合人员不得擅离职守。施工现场应配有急救用品(氧气等)。遇塌孔、地下水涌出、有害气体等异常情况,必须立即停止作业,将孔内外人员立即撤离危险区,严禁擅自处理或冒险作业。

⑩人工挖孔过程中,施工单位的安全管理人员应在施工现场不间断巡视,发现存在不安全现象因素时,应及时责令停止施工。正在开挖的井孔,每天上班作业前,应对井壁、混凝土支护等进行检查,发现异常情况,应采取安全措施后,才可继续施工。

⑪傍山地段挖孔作业前应仔细检查和清除陡坡上的浮石、危石,必要时须设置防滚石设施。雨后应检查边坡的稳定情况。

⑫挖孔桩孔内岩石需要爆破时,应采取浅眼爆破法,严格控制炸药用量,并按国家现行《爆破安全规程》(GB 6722—2014)中的有关规定办理。爆破后应进行通风,检查孔口、孔壁以及孔内有害气体,确认安全后才可继续作业。

⑬作业区边界必须设置围挡和安全标识、警示灯,非施工人员禁止入内。

⑭孔口安全防护。

A.挖孔桩孔口必须设置防护栏杆,栏杆自上而下用安全立网封闭,或在栏杆下边设置固定高度不低于18cm的挡脚板。

B.未进行施工作业或成孔后的孔口必须用孔盖封闭,孔盖宜采用ϕ16mm钢筋网片制作,周围设置围挡。

C.孔口四周1.0m范围内用砂浆硬化;孔口不得堆积土渣、机具及杂物;孔口四周必须搭设防护围栏,围栏采用钢筋牢固焊制。停止作业时,孔口设置围栏和警告标志牌。尺寸在50cm以上的洞口必须设置钢筋防护网,网格间距不得大于20cm。

D.及时清除井口周围的弃土,在施工全过程中保持孔口混凝土护壁高于周围地面30cm。

E.提升机具及孔口区域须进行围挡。围挡宜采用隔离栅,并设置安全警示标识。

⑮孔内挖土人员的头顶部位应设置护盖。

⑯起吊设备须设有限位器、防脱钩器等装置。

(4)围堰。

①围堰应高出施工期间可能出现的最高水位的高度,该高度应根据水位、地质及施工需要等具体情况确定。

②在围堰内作业,遇有洪水或水流、流沙、涌沙或支撑变形时,应立即撤出作业人员,在切实采取安全加固措施后,才可继续开挖。

③在采用挡土板或板桩围堰,应视土质、涌水、挖深情况,逐段支撑,并应随时检查挡板、板桩、大框等挡土设施的稳定牢固状况。当基坑较深时,四周应悬挂人员上下扶梯。

④钢套箱就位后,箱顶应设置人行通道,人行通道应满铺并设置防护栏杆。套箱围堰应设置人员上下安全通道。

⑤水上施工时,应配备足够数量的救生设施。

⑥在通航河流施工时,应按照海事部门划定的安全作业区域设置有关安全警示标识和航标船。

⑦基坑抽水过程中,应指派专人经常检查支撑结构变形情况,发现有变形时,应立即向现场负责人报告,并及时采取安全措施。

⑧钢套箱拆除,应按施工组织设计规定的程序进行。拆除时,应有足够的脚手板、扶梯和救生设备等安全防护设施。施工人员必须系安全带、穿救生衣。拆下的铁件、螺栓等,应吊放在指定的地点,不得从高处向下抛掷。

⑨挖基工程所设置的各种围堰和基坑支撑,其结构必须坚固牢靠。基坑施工中,挖土、吊运、浇筑混凝土等作业,严禁碰撞支撑,并不得在支撑上放重物。施工中发现围堰、支撑有松动、变形时,应及时加固,危及作业人员安全时,应立即撤出;施工交接班时,应将处理的情况和注意事项交接清楚,并做好原始记录及签字工作。

⑩基坑支撑拆除时,按预定方案实施。拆除支撑可配合回填土进程,由低处向上拆除,严禁站在正在拆除的支撑上进行操作。有引起坑壁坍塌危险时,必须采取安全措施。

⑪其他参考明挖基础的安全措施执行。

4)墩柱(台)、盖梁工程

(1)施工单位应在施工现场桥墩(台)的周围设立警戒线、警告标识或护栏,禁止非施工人员未经批准进入施工区域。专职安全人员应在施工现场进行巡查,防止发生安全事故。

(2)下部结构施工前必须搭好脚手架及作业平台(可参考附录B附图9),模板、支架脚手架搭设用的钢材、钢管与扣件等周转性材料进场前,施工单位应逐批进行检测,监理单位应进行30%抽检。对扣件螺栓出现滑丝裂缝的,钢管严重弯曲变形和锈蚀的,施工单位必须全部清退;钢管壁厚不足的,施工单位应按实际检测结果,重新设计搭设方案。施工单位必须编制搭设拆除专项施工方案,监理单位应加强审核。搭设方案应经监理工程师批准,验收合格后挂牌使用;具体安全措施参考主要机械设备和辅助设施相关规定执行。

(3)脚手架基础应平整、坚实、不积水,应满足脚手架荷载设计值的要求。脚手架宜采用碗扣式或钢管扣件式支架搭设,钢管下口宜设方木垫板或现浇混凝土;搭设时应设置斜道、安全梯等攀爬设施,斜道坡度不应大于1∶3,高度超过6m时宜设转角平台。超过30m应使用附着式人员升降电梯。

(4)作业平台可采用支架、预埋托架搭设。平台若采用木板,木板应5cm厚,并须满铺、绑牢,无探头板。有坡度的须设置防滑木条。平台临边应设置防护栏、安全网。防护栏杆高度为1.2m,立杆间距不得大于3m,横杆间距不得大于60cm。立杆和扶杆宜采用钢管制作,并涂防锈漆、红白相间的安全色。

(5)作业平台应满足承载力和工人操作的要求,施工荷载应尽量均匀对称,不得超负荷,宽度应不小于1.0m,脚手板必须在脚手架宽度范围内铺满、固定。作业平台四周应设置防护栏杆,平台高度超过2m时,应设兜底水平安全网或在其下一步脚手架上铺满脚手板防护层。

(6)脚手架和作业平台在使用期间应经常检查、维护,保持完好,严禁擅自拆除架体构件和连接件。脚手架和作业平台上堆放的物品不得超过设计荷载。严禁攀爬脚手架、起重机臂架、栏杆或其他施工设备。

(7)墩台、盖梁上部进行钢筋焊接作业时,应将柱身养生布清理干净,不得随意堆积易燃物品。在绑扎钢筋和钢筋骨架安装作业时,作业人员严禁站在模板上或模板支撑杆上操作。

(8)凿除混凝土桩头时,作业人员必须按规定佩戴防护用品。人工凿除,应经常检查锤头是否牢固,使用风镐凿除桩头,应先经检查,确认安全可靠。

(9)模板吊装前,必须检查作业机械就位是否平稳、牢固,吊装所用的钢丝绳、卸扣必须满足吊装的安全要求。吊点应合理、牢固,起吊时必须有专人指挥;不得超载。

(10)在混凝土浇筑过程中应注意模板、支架情况,如有变形或沉陷应立即校正和加固。

(11)用起重吊机浇注混凝土,施工过程,应有专人指挥;吊机提、下料时,下面不得站人。升降斗时,下部作业人员须躲开,上部作业人员不得身倚栏杆推吊斗,严禁吊斗碰撞模板及脚手架。

(12)施工单位应对高墩施工的安全和环境因素进行现场调查、研究,制订切实可行的施工专项安全技术方案,并应制订紧急情况下的应急预案;必要时应聘请咨询专家对施工专项安全技术方案进行评审,以确保安全施工。对墩高大于100m的桥墩,应根据设计图纸要求并结合实施性施工组织设计的内容,对高墩施工进行安全风险评估。

(13)高墩施工前,应对所有作业人员进行安全常识培训和安全操作技术培训,重点应进行高空安全常识、吊装技能和吊装安全的培训。进行高空作业时,设备下部严禁站人。作业区应有安全通道设置。

(14)高墩施工时,应在墩身内外侧模板以下沿墩壁混凝土各安装一圈防落网,沿外侧模板背面的平台栏杆安装一圈安全网,其高度应使上下平台空间全部罩住,在模板边角处安全网应连接在一起,不留空当;墩内支架应在工作高度范围内,水平安装3层安全网。

(15)塔吊等高空作业的大型设备应安装避雷设施。吊装作业时,应有专人指挥。应定期对塔吊和吊装辅助工具进行检查、维护。重点检查的项目有塔吊附着臂的牢固程度、自动报警装置、制动装置、起吊钢丝绳、吊装辅助钢丝绳、卸扣、钢绳卡、吊篮等。遇6级或6级以上大风、雷雨等恶劣天气时应立即停止作业,并采用绳索在地面固定。

(16)每个高墩应使用单独的专用配电箱,平台上的振动器、电机等应有相应接地装置,作业面应配置灭火器材。

(17)应经常检查翻模装置的各项安全设施,特别是安全网、栏杆、工作平台、吊架等安全关键部位的紧固螺栓等,及时排除隐患。

(18)应定期对施工电梯和步行梯进行检查维护。电梯重点检查项目包括电梯预埋件和支架的稳固性、电梯的紧急制动装置、电梯的定点制动装置(上下端点制动)等。步行梯重点检查项目包括支架的稳定性、梯子上下端的牢固性、踏步的牢固性、栏杆的牢固性等。

(19)高墩施工人员必须经常进行用电安全、安全操作、不良环境下的自身保护等多方面安全教育。每天上墩前,应安排专人检查安全防护用具。

(20)滑模施工时,液压系统组装完毕后,须进行全面检查。施工过程中,液压设备应由专人操作,经常维护,发现问题及时处理。

(21)在模板、脚手架拆除时,拆除现场的警戒区域应设置警戒设施。

5)预制梁、板

(1)混凝土浇筑。

①在混凝土浇筑前,应检查施工机具的完好性及各种设施的安全性,达到安全规定后才可施工。

②混凝土料斗下方严禁站人。

(2)预应力张拉及压浆。

①一般要求。

A.千斤顶工作时,正面不能站人,不得拆卸液压系统中任何部件;压浆泵使用应严格按安全操作规程进行。

B.张拉施工时必须设置安全防护设施,并设置明显的警示标志。梁板负弯矩区下缘预应力张拉时,应设置张拉作业吊篮,并进行固定。作业人员的安全带应悬挂在梁板牢固位置。

C.预应力张拉区域应设置明显的安全标志,禁止非操作人员进入。张拉钢筋的两端必须设置挡板。挡板应距张拉钢筋的端部1.5~2m,且应高出最上一组张拉筋0.5m,其宽度应距张拉筋外侧各不小于1m。

D.预制场应配备爬梯,方便施工人员上下。预制梁高度超过2m,在梁顶进行钢筋绑扎、浇注混凝土等作业时应设置安全防护栏。

E.张拉设备必须经标定、校验后方可使用;并应定期进行校验,性能、精度应满足相应规范要求;当长时间不用后,再次启用时,应重新标定、校验。

②先张法预应力施工。

A.张拉。

a.张拉台座的设计必须经过计算且经过抗倾覆验算,满足要求后才可使用。

b.台座两端应设有防护设施,并在张拉预应力筋时,沿台座长度方向每隔 4~5m 设置一个防护架,两端严禁站人,更不得进入台座。

c.张拉时,张拉工具与预应力筋应在一条直线上;顶紧锚塞时,用力不应过猛,以防钢绞线折断。

d.张拉完成后,张拉槽内的所有工序禁止使用电焊、气焊。

B.放张。

a.当同期养生的混凝土试件强度达到设计强度的 100%且龄期满足规范要求后,才可进行预应力筋的放张。

b.放张时,应拆除侧模,保证放松时构件能够自由伸缩。

c.预应力筋放张时,应分阶段,对称、交错地进行;对配筋多的钢筋混凝土构件,所有的钢绞线应同时放松,严禁采用逐根放松的方法。

d.预应力筋的放张工作,应缓慢进行,防止冲击。

e.预应力筋放张的顺序应按要求进行:轴心受预压的构件(如拉杆、桩等),所有预应力筋应同时放张;偏心受预压的构件(如梁等),应先同时放张预压力较小区域的预应力筋,然后放张预压力较大区域的预应力筋。

f.切断预应力筋时应严格测定预应力筋向混凝土内的回缩情况,且应先从靠近生产线中间处切断,然后再按剩下段的中点处逐次切断。

③后张法预应力施工。

A.准备工作。

a.预应力钢绞线下料场地内严禁动用电焊设备,防止电焊弧击伤钢绞线,造成钢绞线在张拉时断裂伤人。

b.夹片、锚具进场后仔细检查夹片、锚具的硬度和圆锥度以及夹片有无裂纹、有无锈蚀现象,以保证夹具具有足够的自锚能力,防止夹片、锚具弹出伤人。

c.采用油顶、油表相互匹配的预应力张拉施工设备,在使用 6 个月或 300 次后应重新进行校验,防止因油顶、油表不匹配造成张拉力控制不准确,产生安全事故。

d.锚垫板安装角度位置严格按设计要求,并采取锚筋与梁体钢筋焊接的方法确保锚垫板角度、位置准确。以防应力过大,造成锚垫板松动,造成预应力施工安全事故。

e.张拉油顶采用安全可靠的钢支架配合导链吊挂,以防油顶掉落,伤及张拉操作人员。

f.张拉作业区设立钢筋栅栏及安全防护网,并设立安全警示标志,严禁非作业人员进入。

g.高压油管使用前应做耐压试验,不合格的严禁使用。

B.张拉施工。

a.在张拉施工时,精确调整油顶位置,确保油顶、工具锚、锚具、锚垫板位于同一条线上,确保预应力施工安全。

b.张拉或退锚时,张拉油顶后面严禁站人,并在张拉作业区后方设置钢护板以防预应力筋拉断或锚具、夹片弹出伤人。

c.张拉液压系统的高压油管的接头应加防护套,以防漏油伤人;高压油管在正式使用前做油管承压检查,保证油管的正常使用。

d.在张拉时,千斤顶后面严禁站人,也不得踩踏高压油管。

e.处理滑丝或断丝时在梁两端同时安装千斤顶,以防一端张拉时,另一端锚固失效导致钢绞线穿出伤人。

④压浆施工人员必须佩带安全防护眼镜,在管道有压的情况下禁止拆卸各种管件。

(3)梁板移动及存放。

①已张拉完尚未压浆的梁,不得剧烈振动,以不振动为宜,禁止未压浆的梁板出坑,防止预应力筋断裂而酿成重大事故。

②T 梁、工字梁等大型构件应支撑到位,用钢支承架对两端进行支撑,支架牢固,禁止用方木或其他的材料支撑。

③堆放 T 梁、工字梁等大型构件时,基础必须进行硬化,设置斜撑,防止倾覆,40m(含 40m)以下堆放高度不得超过 2 层,40m 以上禁止叠放。

④预制箱梁及空心板梁板堆放均必须采用四点支撑堆放,空心板叠放不得超过 3 层,箱梁堆放高度不得超过 2 层。

6)预应力混凝土连续梁施工

(1)采用桁架挂篮施工时,应遵守下列规定:

①挂篮组拼后,应进行全面检查,并做静载试验;挂篮两侧前移应对称平衡进行,大风、雷雨天气不得移动挂篮;挂篮移动到位以后应检查前后锚点、吊带、零号块临时锚固是否到位;挂篮移动中应设观察哨进行监护,并设限位装置。

②进行零号块施工,并以斜托架做施工平台时,平台边缘应设安全防护设施。墩身两侧托架平台之间搭设的人行道必须连接牢固。

③对使用的机具设备(如千斤顶、滑车、手拉葫芦、钢丝绳等),应进行检查,不符合规定的严禁使用。

④遇有 6 级及以上大风及恶劣天气时,应停止挂篮行走作业。

(2)使用挂篮时,应经常检查后锚固筋、千斤顶、手拉葫芦、张拉平台等是否完全可靠。

(3)挂篮在安装、行走及使用中,应严格控制荷载,防止过大的冲击、震动。

(4)挂篮拼装及悬臂组装中,危险性较大,在高处及深水处作业时,应设置安全网,满铺脚手板,设置临时护栏。操作人员必须按规定佩戴安全防护用品,配备救生设施。

(5)自平衡式挂篮配重,宜用混凝土预制件或钢件,不宜用水箱压重,以防水箱损坏泄漏,导致挂篮失衡倾覆。

(6)在底模荡移前,必须详细检查挂篮位置、后端压重及后吊杆安装情况是否符合要求。应先将上横梁两上吊带与底模下横梁连接好,确认安全后,方可荡移。

(7)挂篮行走时,应缓慢进行,速度应控制在 0.1m/min 以内。挂篮后部,各设一组溜绳,以保安全。滑道应铺设平整、顺直,不得偏移,并随时注意观察,发现问题及时处理。

(8)浇筑混凝土时,确认挂篮桁架后端锚固在已完成的梁段上,并配重使之与浇筑的混凝土重力保持平衡状态。挂篮桁架行走和浇筑混凝土时,其稳定系数不得小于 1.5。

(9)浇筑合龙段混凝土时,随浇筑进程,加载逐步撤出时,应自上而下进行。撤出压重时,应注意防止砸伤。

(10)箱梁混凝土接触面的凿毛工作,应有安全防护设施,所用手锤柄应牢固。作业人员之间,应保持安全距离。

(11)滑移斜拉式挂篮施工,应遵守下列规定:

①采用滑移斜拉式挂篮,所用的活动铰、销、斜拉钢带等,均采用高强钢材制作,材质应经检验,并打上标记,必须满足设计的要求。

②挂篮安装时或主梁行走到位后,应先安装好锚固和水平限位装置后,方可安装斜拉带悬挂底模平台,严防挂篮倾覆、坍落。

③底模和侧模沿滑梁行走前,需将斜拉带和后吊带拆除,用倒链起降和悬吊底模平台,同时,必须在倒链的位置加保险绳。

④采用 4 根斜拉带的挂篮,在斜拉带安装和使用过程中,应注意检查,保证受力均衡。

⑤挂篮行走前,应认真检查后锚固及各部受力情况,检查有无隐患及不安全因素。行走时,应密切注意挂篮有无异状,并应慢慢稳步到位,以防坍塌事故。

7)梁、板安装

(1)一般规定。

①施工单位应根据预制梁、板结构特点、质量、形状、长度和现场环境状况制订运输和架设方案,选择吊装机械、运输车辆和配套设备,并应制订相应的安全技术措施。

②梁板架设所采用的起重设备,应满足施工方案要求并持有有效的安全使用证和检验报告书。

③平板车运输梁、板时,时速应控制在5km/h以内,前后须有人监护。在转弯、下坡应减速、缓慢行驶,注意行人及其他障碍物,避免紧急制动。

④架梁作业时,施工单位应设专职安全员进行现场监护,监理单位派专职安全监理工程师旁站,对施工过程中可能产生的各类安全隐患进行控制。架梁作业过程中,地面应设围栏和警示标志,派专人值守,禁止非施工人员进入。跨越公路、铁路、航道架梁时,应提前做好各项架设准备工作,尽可能缩短架设时间,快速安装到位,并应设置防落网等有效的防护措施,防止对行人、车辆等造成危害,减少对外界的影响,必要时应采取临时交通管制措施,保证施工安全。

(2)设备安全。

①所有吊装设备在正式使用前必须经过技术监督部门的检测,检测合格后投入使用。

②操作人员必须通过安全教育技术培训,持证上岗。

③安装设备的安装必须由专业的安装队伍进行安装和调试。

④使用前应对起重设备进行全面安全性能检查,重点应检查各操作系统、移动系统、安全系统(力矩限值器、变幅限制器等)运转是否正常,同时应检查钢丝绳、轧头、吊钩、滑轮组等是否符合规定。安装前进行试吊,目的是检验设备的安全性、可操作性及人员安排的合理性、协调性。

⑤吊装设备应经常进行检查和维修,防止漏电,并专人操作,专人指挥;禁止设备带病作业,禁止作业人员酒后操作设备。

(3)梁、板安装安全要点。

①梁、板架设施工,必须由项目总工组织,对所有作业人员应进行全面的安全技术交底。

②架梁施工所使用的起重机械设备,必须满足施工组织设计要求,并持有有效的检验合格报告书和检测使用证;事先进行安全运行性能检查及试运行,未经验检合格的起重机械设备,禁止投入使用。

③当采用两台起重机械进行抬吊架梁施工时,该两台起重机械的型号、综合特性、起吊速度必须一致,不得采用不同型号和不同特性的两台起重机械抬吊架梁。当采用龙门架吊梁前,应仔细检查各部位间的连接情况,吊梁和移梁作业时,应派专人检查起重设备各系统工作情况,然后试吊,并认真观测,确保万无一失。梁体离开台座时梁端应同步,龙门架平移及梁体升降应均匀地进行。梁体平移两端应同时进行,平稳匀速,防止梁体受扭、倾斜,甚至倾覆。

④架梁板施工的全过程,必须由持合格起重指挥证的指挥人员进行统一指挥,严禁多人指挥或无证指挥,并采用标准的统一指挥信号。

⑤架桥机架梁板时,应遵循“慢加速、匀移动”的原则,尽可能减少架桥机对桥墩的冲击。中途停工或架设完毕后,应及时将架桥机移至专门的停放场地,不得将架桥机(具)在施工位置长时间停放。

⑥人流量大的地区,在起重机械、运梁车等频繁进出场的时间内,必须设专人进行交通秩序维护,及时引导车辆就位;对起重机械作业范围必须占用交通要道的部分,应在征得交通部门同意的前提下临时占用,在该区域设置安全围栏,当天施工完毕,及时清扫路面,恢复原交通,确保架梁期间交通安全。

⑦架梁施工前,必须在架梁起端的盖梁处,用脚手钢管搭设合格的上、下梯(按立柱支架搭设规范进行)。

⑧起重机械所处架梁作业区域的地基,必须整平压实,并铺上合格的路基箱板,路基箱板的铺设必须平整、下部垫实。

⑨采用双机抬吊进行架梁作业前,应首先对两起重机械驾驶员进行安全技术交底及配合要求的交底,使其心中有底,配合默契。

⑩架梁施工所使用的起重索具、吊具,必须满足施工组织设计要求(吊、索具的材质,规格,长度等),采用外加工的吊、索具,必须具备有效合格证。严禁未经任何检验且无合格证的起重索具投入使用;架梁过程中,起重吊、索具的安装,挂钩作业,应由持合格起重指挥证的人员担任,严禁无证人员操作。

⑪板梁、钢梁在运输过程中,应事先了解运输线路的路况,了解范围包括路面、路宽、沿途各转弯点半径、桥梁限载、跨交通道电气线路高度等,选择最佳运输路线。超长构件运输,必须会同交通部门进行交通组织,采用引道车、局部封锁交通等措施。

⑫箱形钢梁底部的作业通道、脚手架,属于悬吊式脚手架,固定点较少、自重较大。因此,必须严格按施工组织设计结合钢管脚手架规范实施搭设;悬吊式脚手架跨越交通道的,须采用两层底笆进行隔离,并用密目网围挡。

⑬梁板架设就位后,应立即采取支撑防倾覆措施,尤其是T梁、工字梁吊装时,每跨第一片梁和边梁就位后,应立即采用方木支垫横隔板的底部,采用原木斜撑翼缘板的根部,并应采用木楔楔紧等措施防止单梁倾覆;其他梁吊装就位后,应立即焊接部分横隔板、翼缘板湿接缝的钢筋,加强横向联系,保证安全。

⑭已架梁的桥面段,在防撞墙或正式栏杆未实施之前,须设有临边防护栏杆、临边防护设施上应设置挡脚板并用密目网全封闭。

⑮高空焊接、切割作业必须设置有效防止焊花、焊渣飞溅的措施,应设足够的灭火器材。

⑯若架设的梁距高压线路较近,应做好相应安全隔离和控制措施。

⑰夜间,遇5级及以上大风、大雾、暴雨、雷电或大雪等恶劣天气时,禁止进行架梁作业。

8)现浇混凝土梁

(1)模板、支架脚手架搭设用的钢材、钢管与扣件等周转性材料进场前,施工单位应逐批进行检测,监理单位应进行不少于30%的抽检。对扣件螺栓出现滑丝、裂缝的,钢管严重弯曲变形和锈蚀的,施工单位必须全部清退;钢管壁厚不足的,施工单位应按实际检测结果,重新设计搭设方案。施工单位必须编制搭设拆除专项施工方案,监理单位应加强审核。

(2)支撑高度5m及以上,搭设跨度10m以上大型模板支撑体系或满堂红支架,高度24m及以上的脚手架等搭设方案,应由项目部上级单位技术部门审批,驻地监理审核。对支撑高度8m及以上,搭设跨度18m及以上大型模板支撑体系或满堂红支架,高度50m以上等的脚手架搭设方案,应由建设单位、总监办组织进行复算并进行专家评审。

(3)满堂红支架、脚手架和大型模板支撑体系搭设完毕,施工单位应组织验收,通过验收的应挂牌公示,明确使用荷载、载人数量、搭设责任人姓名以及联系方式等相关内容。

(4)安装脚手架人员必须经专业培训,对搭设人员组织上岗前考核,不合格者不得上岗作业。满堂红支架搭设、拆除人员应持有特种作业证书。

(5)脚手架、满堂红支架基础应坚固平实,按照设计要求浇筑混凝土基础,混凝土基础应平整、密实,应有足够的强度,不积水,厚度满足要求。

(6)按规定设置剪刀撑,底部纵横连接,满铺脚手板,无探头板;脚手架高度在7m以上时,架体应与结构物拉结;安装后的桁架不得沉陷、变形,连接必须牢固,确保安全可靠。

(7)荷载禁止超过脚手架容许载重要求,施工荷载堆放均匀,积雪、杂物及时清理。

(8)作业平台搭设牢固,平台上设红白相间的钢制栏杆及梯步,并张挂安全网。

(9)脚手架、支架等的搭设和拆除过程中,地面应设围栏和警示标志,派专人值守,禁止非施工人员进入,以免发生安全事故。

(10)外脚手架施工层应满铺脚手板;脚手架外侧应牢固悬挂全封闭密目网,安全网的质量及悬挂质量应满足安全规范要求,现场监理应对安全网进行验收。

(11)当遇到6级以上大风天、雨天及雷雨天时,严禁上架作业。

(12)满堂红支架上应进行预压沉降观测,安装模板或绑扎钢筋时,必须均匀布载,防止由于偏压造成支架垮塌。

（13）卸落支架应按拟订的卸落程序进行，分几个循环卸完，卸落量开始宜小，以后逐渐增大，在纵向应对称均衡卸落，在横向应同时卸落。

（14）支架预压应按以下方法进行：

①支架预压时，应收集支架、地基的变形数据，作为检验和调整预拱度设置的依据，预压荷载应满足设计要求。

②预压时，应严格按照批准的专项方案确定的加载程序、荷载分布和加载量进行加载。

③预压前、预压过程中和卸载后，应严格按照批准的专项方案设置的观测断面、观测点、观测频率进行观测，发现异常现象应及时处理。根据观测结果按规定调整和设置预拱度。

（15）采用移动模架时：

①模架移动、混凝土浇筑及支撑托架安装前必须进行检查、验收。未进行检查、无记录和责任人签字的，不得进行作业。

②上下游模架纵移速度尽可能一致，不同步的距离偏差应符合产品设计的规定，且应有限位和紧急制动装置。

③模架横移前，应清理干净模架翼缘模板边缘、横梁、主梁上易坠落物。模架所有操作平台的边缘处，均应设置防护栏杆，必要时应挂安全网，同时应在模架的适当部位配备消防器材。

④模架中的动力和照明线路应由专业人员敷设，并应定期检查清理，消除漏电、短路等隐患。

⑤移动模架新工位的受力状态应验收。每完成一孔梁的施工，均应对模架的关键部位及支承系统等进行检查，发现问题后应及时处理。

9）悬浇箱梁

（1）一般规定。

①吊具检查：应仔细检查钢丝绳、绳卡、卡环、吊钩、平衡杠等的标准作业状态，不合格者严禁使用。

②设专职安全员对施工全过程进行监督、检查。

③箱梁外侧挂安全网，防止材料、机具等坠落。

④悬挂防坠落标志，提醒施工人员以及过往人员注意。

（2）安全作业规定。

①塔吊的安装、拆除。

A.塔吊的轨道基础或混凝土基础必须经过设计验算，验收合格后才可使用，基础周围应修筑边坡和排水设施，并与基坑保持一定安全距离。

B.塔吊基础土壤承载能力必须严格满足原厂使用说明书及以下要求：中型塔为 $8 \sim 12t/m^2$、重型塔为 $12 \sim 16t/m^2$。

C.塔吊的拆装必须由取得建设行政主管部门颁发的拆装资质证书的专业队伍进行，拆装时应有技术和安全人员在场监督。

D.拆装人员应穿戴安全保护用品，高处作业时应系好安全带，熟悉并认真执行拆装工艺和操作规程。

E.风力达到 4 级以上时，不得进行顶升、安装、拆卸作业；顶升前必须检查液压顶升系统各部件连接情况；顶升时严禁回转臂杆和其他作业。

F.塔吊安装后，应进行整机技术检验和调整，经分阶段及整机检验合格后，才可交付使用；在无载荷情况下，塔身与地面的垂直度偏差不得超过 0.4%；塔吊的电动机和液压装置部分，应按关于电动机和液压装置的有关规定执行。

G.塔吊的金属结构、轨道及所有电气设备的金属外壳应有可靠的接地装置，接地电阻不应大于 4Ω，并应设置避雷装置。

H.每道附着装置的撑杆布置方式、相互间隔和附墙距离应按原厂规定，自制撑杆应有设计计算书。

②塔吊作业。

A.塔吊安装完成后必须经安监部门检验合格，并颁发使用许可证后才可正式作业。

B.塔吊作业时，应有足够的工作场地，塔吊起重臂杆起落及回转半径内无障碍物。

C.作业前，必须对工作现场周围环境、行驶道路、架空电线、建筑物以及构件重量和分布等情况进行全面了解。

D.塔吊不得靠近架空输电线路作业，如限于现场条件，必须在线路旁作业时，必须采取安全防护措施。塔吊与架空输电导线的安全距离应符合规定。

E.在进行塔吊回转、变幅、行走和吊钩升降等动作前，操作人员应鸣声示意。检查电源电压应达到380V，其变动范围不得超过+20V、-10V，送电前启动控制开关应在零位，接通电源，检查金属结构部分无漏电才可上机。

F.塔吊的指挥人员必须持证上岗，作业时应与操作人员密切配合；操作人员也必须持证上岗，作业时应严格执行指挥人员的信号，如信号不清或错误时，操作人员应拒绝执行。

G.操纵室远离地面的塔吊在正常指挥发生困难时，可设高空、地面两个指挥人员，或采用对讲机等有效联系办法进行指挥。

H.塔吊的小车变幅和动臂变幅限制器、行走限位器、力矩限制器、吊钩高度限制器以及各种行程限位开关等安全保护装置，必须齐全完整、灵敏可靠，不得随意调整和拆除；严禁用限位装置代替操纵机构。

I.塔吊作业时，起重臂和重物下方严禁有人停留、工作或通过；重物吊运时，严禁从人上方通过；严禁用塔吊载运人员。

J.塔吊机械必须按规定的塔吊起重性能作业，不得超载荷和起吊不明重量的物件；在特殊情况下需超载荷使用时，必须经过验算，有保证安全的技术措施，经项目部技术负责人批准，有专人在现场监督，才可起吊，但不得超过限载的10%。

K.严禁起吊重物长时间悬挂在空中，作业中遇突发故障，应采取措施将亘物降落到安全位置，并关闭电机或切断电源后进行检修；在突然停电时，应立即把所有控制器拨到零位，断开电源总开关，并采取措施将重物安全降到地面。

L.严禁使用塔吊进行斜拉、斜吊和起吊地下埋设或凝结在地面上的重物；现场浇筑的混凝土构件或模板，必须全部松动后才可起吊。

M.起吊重物时应绑扎平稳、牢固，不得在重物上堆放或悬挂零星物件；零星材料和物件，必须用吊笼或钢丝绳绑扎牢固后，才可起吊；标有绑扎位置或记号的物件，应按标明位置绑扎。绑扎钢丝绳与物件的夹角不得小于30°。

N.遇有6级以上(含6级)大风或大雨、大雪、大雾等恶劣天气时，应停止塔吊露天作业；在雨雪过后或雨雪中作业时，应先经过试吊，确认制动器灵敏可靠后才可进行作业。

O.在起吊载荷达到塔吊额定起重量的90%及以上时，应先将重物吊起离地面20~50cm停止提升并进行下列检查：起重机的稳定性、制动器的可靠性、重物的平稳性、绑扎的牢固性。确认无误后才可继续起吊。对于有可能晃动的重物，必须拴拉绳。

P.重物提升和降落速度应均匀，严禁忽快忽慢和突然制动。左右回转动作应平稳，当回转未停稳前不得做反向动作；非重力下降式塔吊，严禁带载自由下降。

Q.塔吊作业中，操作人员临时离开操制室时，必须切断电源，锁紧夹轨器。作业完毕后，塔吊应停放在轨道中间位置，起重臂应转到顺风方向，并松开回转制动器，小车及平衡重应置于非工作状态，吊钩宜升到离起重臂顶端2~3m处。

③挂篮施工。

A.挂篮的安装必须满足设计要求，焊接和栓接必须满足现行《公路桥涵施工技术规范》(JTG/T F50—2011)有关要求。

B.挂篮加工完成后应先进行试拼；挂篮正式拼装应在起步长度梁段(墩顶段或0号段)混凝土达到要求的强度后才能进行，拼装时应两边对称进行。

C.挂篮拼装涉及高空作业、悬空作业、起重吊装作业等危险性较高的作业方式，其作业应满足相应的安全要求。

D.挂篮的锚固必须安全、可靠。

E.挂篮安装后,应进行全面的安装质量检查,确认安装质量满足要求后,应按设计荷载进行加载试验,以检验挂篮的承载能力、测量弹性变形量和残余变形量、控制各段梁体的抛高量(预抬量或预拱度);加载和卸载应分级进行。未进行加载试验的挂篮,不得投入使用。

F.挂篮操作必须由经过培训合格的起重工操作,并由有经验的工长统一指挥,其他施工人员不得移动、拆卸挂篮设备。

G.挂篮后锚、斜拉杆、吊杆采用精轧螺纹钢时,必须设双锁帽。所有反锚、行走反压吊杆用连接器安装时,应在精轧螺纹钢筋上做明显标记,确保旋进长度满足要求。

H.在斜拉带安装和使用过程中,应加强检查,保持内外斜拉带受力均衡。挂篮行走前检查轨道与箱梁锚固情况是否良好。挂篮使用时,后锚固筋、张拉平台的保险绳等应经常检查。底模高程调整时,应设专人统一指挥,且作业人员应站在铺设稳固的脚手板上。

I.挂篮行走应平稳、缓慢,严防出现冲击力,并加强观测,防止偏角、偏位造成挂篮受扭。速度应控制在0.1m/min以内。挂篮后部各设一组绳,以保安全。滑模应铺设平整,顺直,不得偏移。

J.混凝土浇筑前,安全员及现场结构工程师对挂篮每一部件进行检查验收,并签署合格书后,才可浇筑混凝土。

K.挂篮应呈全封闭状态,四周应有围护设施(其宽度应比挂篮边缘超出0.5m以上),操作平台下应挂安全网、上下应有专用扶梯,以防止物件坠落,以保证行车及人员安全。挂篮前上横梁两侧需加宽焊接成操作平台及防护栏,操作平台宽度不小于60cm并铺满脚手板,防护栏高度不小于120cm。挂篮翼缘板下应搭设操作平台,平台上设置脚手板和防护栏杆,确保腹板对拉螺栓施工安全。

L.在挂篮横、纵梁下焊接型钢支架作为吊挂绝缘板的刚性吊架,在刚性支架上满铺5cm厚木板,防止坠物;在木板上钉1mm厚铁皮,铁皮与木板间刷防水胶,铁皮接缝处压3mm厚钢带,钢带宽度为5cm,作为防水层,四周设积水槽,由水泵抽到高等级公路以外排放。

M.混凝土浇筑前,应再次检查挂篮的承重结构、锚固系统、悬吊系统、模板系统等的安全性、可靠性。

N.混凝土浇筑中,应派专人对挂篮的安全使用状况进行检查和观察,发现异常情况应及时报告技术负责人,以便及时采取有效应对措施进行处理。

O.应妥善处理好混凝土搅拌、运输、入模、振捣等一系列作业环节。以确保机械设备的完好性、施工人员的安全性、混凝土浇筑作业的连续性。

P.混凝土浇筑应在两悬臂端对称、均衡地进行,以保持两端悬臂梁受力基本平衡。

Q.新浇节段混凝土预应力未施加前,不得脱底篮、松吊带。

R.挂篮移动行走,在解除挂篮尾部锚固前,应先在挂篮尾部安装足够的平衡重,以防止挂篮倾覆;挂篮的移动行走应两端对称、缓慢地进行。并应加强观测,防止转角、偏位而造成挂篮受扭。

S.使用水箱作平衡施工时,其位置、加水量等应满足设计要求。给排水设施和方法,应稳妥可靠。施工中,对上述情况应经常进行检查。

T.在底模荡移前,须详细检查挂篮位置,后端压重,确认后锚机及吊杆安装安全后,才可荡移。

U.双层作业时,操作人员须严守各自岗位职责,并应防止铁件工具掉落等。

④悬臂现浇。

A.挂篮四周应设置围护设施,操作平台下张挂安全网,上下应设扶梯。

B.操作平台应采用5cm厚的木板,并满铺、绑牢,无探头板。操作平台应设置磷酸铵盐干粉(ABC)4kg灭火器2个。

C.操作平台临边应设置防护栏、安全网。防护栏杆高度为1.2m,立杆间距不得大于3m,横杆间距不得大于60cm。立杆和扶杆宜采用钢管制作,并涂防锈漆、红白相间的安全色。

D.已浇筑梁临边应设置防护栏杆,并张挂密目式安全网。

E.跨越主要交通要道施工时,应搭设安全通道,安全通道参考本指南支架工程相关规定执行。

⑤防坠落措施。

A.在挂篮刚性吊架上满铺木板,木板宽度为30cm,厚度为5cm,木板与型钢固定,防止落物。

B.四周设置细眼钢丝网封闭,防止施工中钢筋、石子或其他物体掉落到桥下,钢丝网应超出混凝土梁顶2m。

C.已浇梁段两侧加设临时防护网,防止坠物。

10)跨公路、铁路桥梁施工

(1)高等级公路影响范围封闭防护应有专项方案,封闭防护必须可靠牢固。跨公路、跨在建铁路的桥梁施工中,应设置桥下限高和防撞设施,高等级公路应设置减速信号标志。

(2)跨既有公路、铁路、在建铁路、改建和在建公路桥梁,施工期间应设置防护棚架和防护网。改建和在建公路桥开通前,铁路路基、桥梁和隧道在建中,非施工车辆不得通过。

(3)对于跨线封闭的道路,应根据现场实际情况,设置隔离栏杆和醒目的标志牌、限速牌,夜间应设置指示灯。对于要在支架中设行车通道的,行车道两旁的支架应设置防撞设施,两头应有专人指挥交通。通道顶部应设置一层隔离板,侧面应挂设安全防护屏,以防施工材料、机具掉落到行车道上,造成安全事故。

11)桥梁水上、高空施工

(1)高空作业、水上作业场所应有人员步行上下的专用通道,通道必须封闭防护。对移动模架、悬浇箱梁、水上作业平台的临边部位,尽量采用永久性防护结构进行封闭。

(2)高空临边作业、提运架梁机械等有可能造成坠落的处所,均应设置防护栏。防护栏应由上、下两道横杆及立柱组成,上杆高度为1~1.2m,下杆高度为0.5~0.6m。横杆长度大于2m时,应加设栏杆立柱。钢筋横杆上杆直径不应小于16mm,下杆直径不应小于14mm,栏杆立柱直径不应小于18mm,采用电焊或镀锌钢丝绑扎固定。钢管横杆及栏杆立柱宜采用448mm×(2.75~3.5)mm的管材,以扣件或电焊固定;以其他钢材(角钢、槽钢等)做防护栏杆杆件时,应选用强度相当的规格,以电焊固定;栏杆立柱的固定及其与横杆的连接,其整体构造应使防护栏杆的上杆任何处,能经受任何方向1 000N的外力。防护栏杆必须自上而下用密目安全立网封闭,栏杆根部应设置高度不低于18cm的挡脚板,挡脚板应牢固可靠。

(3)操作平台采用直径48~51mm×壁厚3.5mm的钢管以扣件连接,或采用角钢、槽钢等坚固材料制作,台面满铺5cm厚的木板并绑扎牢固,不得出现翘头板。

(4)水上作业平台必须配备救生衣、救生圈、打捞杆等救生器材。在通航或禁航河道施工时,在河道两侧及施工处设置警示标识信号,水下障碍物处应设置明显的警示标志,夜间作业应有足够的照明并配备夜间警示灯。

(5)上下立体重叠、交叉作业和通道上方以及可能坠物的处所,应设置能够防止伤害的隔离棚挡。棚挡应坚固可靠、覆盖有效。

(6)施工时间较短的临时工点,外围应设置防护栏,并采用密目安全网防护,木桩或钢管桩为立柱,高度不低于1.5m,立柱间距按4~6m设置,埋设应牢固可靠,并设置明显的安全警示标志。

(7)固定作业区防护应采用铁丝网或网栅防护,间隔支柱采用ϕ50mm钢管,立柱高不低于1.5m,立柱间隔5~8m设置,埋设牢固,并设置明显的安全警示标志。

(8)高空、水上等作业人员应佩戴必要的安全防护用品,必须按规定戴好安全帽,穿好救生衣,悬空和攀登作业必须系好安全带(安全绳),安全带(安全绳)应挂在牢固可靠处并高挂低用;跨大江大河施工时,在进入水上施工作业现场人口处设置值班室,实行水上作业人员出入场翻牌制度和危险源动态管理制度。夜间作业和高处、水上、临边等危险环境的零星作业至少安排两人以上,严禁安排单人作业。

12)桥梁附属设施

(1)施工人员必须正确佩戴安全帽、系好安全带;现场应有专职安全员监控,做好桥面临边防护,桥下做好防护和警戒。

(2)垫石施工高空作业时宜尽量利用墩台帽施工作业的安全防护设施。

(3)人行道板安装时,正反应置放正确,装好一块固定一块,以免坠落伤人。

(4)严禁向地面抛扔杂物,以防伤人。

(5)在焊接施工时,应在盖梁两侧搭设操作平台,操作平台的四周必须设置安全防护网,施工横隔板时应采用吊篮防护施工。

(6)伸缩缝预留槽宜用钢板覆盖,严禁用渣土、沥青混凝土直接填充。

(7)中央分隔带及湿接缝宜用防坠落安全平网,路线交叉处应增设密目式安全网;桥梁两侧临边应设安全护栏,并张挂密目式安全网。

(8)桥梁伸缩装置施工时,应封闭交通,并分左、右幅施工,做好安全警示标志。

(9)预留孔、检查梯孔口等应做好防护和标识。

(10)走行道板未固定前,夜间不得行人,并在桥台两端悬挂警示标志。

13)防护栏杆设施

(1)防护栏杆应能承受任何方向 1 000N 以上的外力,当防护栏杆所处位置有发生人群拥挤、车辆冲击或物体撞击等可能时,应加大横杆截面,加密立柱。

(2)防护栏杆下方有人员通行或作业的,应在防护栏杆所处位置设置高度不小于 0.2m 的挡脚板,并挂密目安全网封闭管理。挡脚板应刷黄黑相间警示色漆,黄、黑漆间距均为 30cm。

(3)当临边的外侧面临人行道路时,除防护栏杆外,敞口立面必须采取满挂安全网或其他可靠措施作全封闭处理。

(4)架梁作业若需在梁面或盖梁上行走时,其一侧的临时护栏可采用钢索。当改用扶手绳时,绳的自然下垂度不应大于 $L/20$,并应控制在 10cm 以内。当无法安装防护设施时,应在作业面上合适的位置设置供作业人员全程使用的挂保险钩的安全带钢索。

14)登高爬梯设施

(1)梯梁宜采用不小于∠50×50mm 角钢或不小于 ϕ30mm 的钢管。

(2)踏棍宜采用不小于 ϕ20mm 的圆钢,间距宜为 300mm 等距离分布。

(3)爬梯与建筑物或设备之间的净距离不得小于 150mm。

(4)梯段高度超过 5.0m,后侧临空面应设置与用途相适应的护笼。

(5)超长直爬梯,每隔 8.0m 应设置梯间平台。

(6)爬梯宽度不宜小于 0.6m。

(7)爬梯焊接、安装应牢固可靠。

3.2.4　隧道工程

1)一般规定

(1)隧道工程应编制安全专项施工方案,经项目技术负责人审核报监理工程师批准后严格实施。隧道开工前,施工单位技术人员应向施工工作人员进行技术和安全交底,详细说明隧道质量和安全的有关技术要求和重大危险源,技术和安全交底台账必须签字确认。应落实工前教育制度,规范进洞管理。

(2)隧道开工前,项目部应组织事故隐患排查、整治,危险源辨识和确认工作,确定危险源的位置、规模、性质和监控处置措施及处置方案,项目部技术人员应向施工作业人员进行技术和安全交底,详细说明隧道质量和安全的有关技术要求和重大危险源,技术和安全交底台账必须签字确认。

(3)监理单位应按规定认真审查施工单位的质量安全保证体系,审查隧道施工组织设计中安全技术措施或者专项施工方案是否符合工程建设强制性标准并监督检查实施情况;对危险性较大的分部分项工程,还应当审查施工单位是否单独编制专项安全施工方案,并按规定组织专家进行论证、审查。

(4)监理单位应认真监督检查施工单位安全生产费用使用情况,监督施工单位是否用于购买和更新合格的安全防护用具和设施,落实安全施工措施,改善安全生产条件。

（5）凡参加施工的人员均须接受安全教育，熟悉和遵守安全管理的有关规定，了解地形地貌，使人人都对工作环境、工作内容、工作条件做到心中有数。特种作业人员应取得特种作业操作证后才可上岗。施工所用的机具设备和劳动保护用品应有检验制度，严禁使用不合格的机具。劳动保护用品应有质检证明书，并经安监人员认可才能使用。

（6）在洞外 100～200m 处设急救材料储备库；储备防火、防水、防毒器材，支撑用料以及各种适用工具等。向隧道内送风的鼓风机周围 3m 内禁止明火作业，以防明火被吸入鼓风机引起火灾。在隧道内斜、竖井口与横通道口明显处各悬挂 2 个磷酸铵盐干粉（ABC）4kg 灭火器备月。在软弱围岩地段应配备安置报警设施和足够长度的、可手动拆卸的逃生钢管，要求钢管壁厚不小于 10mm，管径不小于 600mm，每节管长宜为 1 500～2 000mm（可参考附录 B 附图 10）。高压气、水钢管应尽可能靠近掌子面；软弱围岩地段应配备可手动拆卸的逃生钢管，钢管壁厚必须不小于 10mm，管径必须大于 600mm，每节管长 150～200mm；钻孔台车应常备卸管头的扳手和应急照明工具。

（7）隧道施工应严格遵循“五不挖”原则，即不探不挖、不护不挖、不测不挖、不定不挖、不符不挖。施工中应按要求进行监控量测，并及时做好量测数据分析。长大隧道和岩溶、突水等不良地质隧道应采取长、中、短距离相结合的综合物探技术进行超前地质预报，并采取水平地质钻探核实验证，每个水平地质钻探断面至少布设 3 个钻孔，前后两次钻孔搭接应达到 5m 以上。

（8）对于Ⅳ级、Ⅴ级、Ⅵ级围岩隧道的施工，严禁采用全断面法开挖。采用台阶开挖法，台阶长度应在设计要求和施工规范要求范围内，不宜过长。初期支护的挖、支、喷三环节须紧跟。仰拱开挖面距离Ⅳ级不得大于 50m，Ⅴ级不得大于 35m，Ⅵ级不得大于 30m。二次衬砌的施工时间须在围岩和锚喷支护变形基本稳定后及时进行，且距离开挖面不得大于 90m。

（9）入隧道工地的人员，须正确佩戴安全防护用品，均应穿反光背心，头戴反光安全帽；进行钻爆、喷混凝土作业时人员应佩带防尘口罩。隧道施工的各班组间，须建立完善的交接班制度，且须严格落实领导带班制度、洞口进出登记 24 小时值班制度。隧道开挖面作业人员不宜超过 9 人，钻孔过程中应当有专职安全管理人员随时检查工作面状况。

（10）分部、分项工程应设置明显的风险告知牌。

（11）在隧道所有作业台架上安装防护彩灯，二衬上宜挂灯箱，确保车辆通行安全；在台架底部配置消防器材，便于火灾事故的处理。

（12）爆破作业及火药物品的管理，必须遵守现行《爆破安全规程》（GB 6722—2014）的有关规定。对有瓦斯逸出的隧道，应根据工点的地质情况、瓦斯逸出程度和设备条件，制订适宜的施工方案。

（13）运输车辆不得人料混装。洞内运输车辆必须限速行驶（≤15km/h）。洞内倒车与转向，必须开灯、鸣笛；洞口、平交道口和狭窄的施工场地，应设置“缓行”标志，必要时宜安排人员指挥交通。

（14）施工单位应根据本单位实际情况，编制隧道塌方、机械伤害等安全事故的应急救援预案，应急救援预案应具有适应性和操作性。对于可能存在塌方、涌突水等地质灾害的隧道，应当对应急预案至少进行一次预演，检验其可操作性和有效性。

（15）隧道内施工机械、临时设施、施工用电等应满足有关要求。

2）危险品库安全

（1）承包人提出建库计划（包括拟建仓库的地点、时间、设计图纸、保卫措施、防火制度、保管和看守人员名单等内容），报所在地旗县以上公安机关审核批准。完工后须经公安机关验收合格才可使用。同时办理爆炸物品“储存许可证”。

（2）建库选址时，承包人应会同公安机关进行实地勘察，建立满足公安机关要求的库房。危险品仓库应设置在安全、偏僻的地带，并配备满足要求的专职守卫人员和保管员，安装完善的防雷电、防盗、报警设施。

（3）储存爆炸物品的库房的管理应满足以下要求：

①建立健全火工用品管理制度，严格执行火工用品采购、储存、领取、使用和退库的各个环节的管理

和操作，做到全程监控，全程把关。项目经理每月、安保负责人每半月必须对危险品库进行一次全面的安全检查，监理工程师应加强监督检查。

②双洞中隧道及长隧道、特长隧道应设置专用火工品库房，其他短隧道可结合其他隧道及路基、桥涵施工集中设置。

③其他危险品，如氧气、乙炔、油料等应单独建库存储，库房建设及管理应满足相关规定的要求。

④其他可参考本指南《工地建设》中有关场站建设的相关规定执行。

3）一般隧道安全防护措施

（1）洞口工程。

①靠近国道、省道边的隧道洞口宜采用封闭管理，设置围墙，并配无轨式电动门，宽为不小于6m。隧道洞口及隧道办公区显著位置设置声光报警器，总开关应设在开挖台车立柱内侧（左右均设置）。

②隧道洞口应设置值班房、栏杆。值班房规格不小于2m×3m，材料宜用彩钢瓦活动板房。栏杆宜采用智能道闸一体机（自动栏杆）。值班室设“进洞请登记”“值班室”明显标示。内挂“隧道值班制度”牌，尺寸宜为600mm×800mm。未设置安全人员电子管理系统的洞口，应在值班室外醒目位置设置领导带班值班、人员进出登记牌（可参考附录B附图11）。

③1km以上长大隧道须设置隧道人员电子管理系统，并有人员定位功能（可参考附录B附图12）。人员电子管理系统主要由电子IC卡感应器、LED电子显示屏、读卡芯片、计算机系统等组成，将进出洞人员数量、工种、时间、洞内分布位置及洞内各工序施工情况等信息反映在电子显示屏上，计算机系统能将人员信息进行存储备查。电子屏尺寸不小于2.5m×2m，采用不锈钢支架架设。

④2km以上长大隧道须设置隧道视频监控系统。监控系统摄像头安装在洞口区域，设置数量满足监控范围要求。

⑤洞口醒目位置设置安全镜（可参考附录B附图13）和安全讲评台（可参考附录B附图14）。

⑥隧道开挖超过100m后，隧道内外需安装通信设备保证洞内外通信畅通。

⑦洞顶及斜（竖）井洞口焊接钢筋支架，挂“入洞须戴安全帽、当心触电、注意安全”等警示标志。

⑧空压机相关安全规定：

A.空压机房选址应合理，且满足安全管理要求，空压机应封闭管理。空压机房醒目位置“禁止入内，禁止触摸，当心触电”安全警示牌，尺寸标准宜不小于900mm×400mm。

B.空气压缩机作业区应保持清洁和干燥，储气罐应在通风良好处，距储气罐15m内不得进行焊接和热加工作业。

C.空压机运行时，出气口前方不得有人工作或站立，储气罐内压力不得超过铭牌额定压力，安全阀应灵敏有效。如发现下列情况之一时应立即停机检查，找出原因并排除故障后，才可继续作业：

a.漏水、漏气、漏电或冷却水突然中断。

b.压力表、温度表、电流表指示值超过规定。

c.排气压力突然升高，排气阀、安全阀失效。

d.机械有异响或电动机电刷发生强烈火花。

D.运转中，在缺水而使汽缸过热停机时，应待汽缸自然降温至60℃以下时，才可加水。当电动空气压缩机运转中突然停电时，应立即切断电源，等来电后重新在无荷载状态下启动。

E.停机时，应先卸去载荷，然后分离主离合器，再停止内燃机或电动机的运转。停机后，应关闭冷却水阀门，打开放气阀，放出各级冷却器和储气罐内的油水和存气，才可离岗。

（2）通风措施。

①隧道施工中的通风应满足交通运输部现行公路隧道设计和施工规范的要求；保证有足够的新鲜空气。

②隧道掘进150m以上，隧道施工须采用管道通风设施进行通风（可参考附录B附图15）。

③通风机架基础采用混凝土固定，采用槽钢或工字钢按承重通风机总重量的2~4倍焊制，应设置在

洞外不小于30m处。无论通风机是否运转，严禁人员在风管的进出口附近停留。

④风管宜采用拉链式普通PVC软管，风管上的吊环须能承受住风管自身的重压和通过风流的风压。通风机停止运转时，任何人员不得靠近通风软管行走和在软管旁边停留，不得将任何物品放在通风管或管口上。风动机械与软管连接必须牢固，拆卸连接风管应在停机关机后进行。

⑤通风管靠近掌子面的距离应根据隧道断面尺寸确定，送风式通风管的送风口距掌子面不宜大于15m，排风式风管吸风管距开挖面不宜大于5m。

⑥配备空气质量检测仪，定期测试粉尘和有害气体浓度。作业开挖面复工时，必须进行通风和分析空气中有害气体浓度，确认符合标准后才可进入。导坑开挖面风流中，按体积计氧气不得低于20%，二氧化碳不得超过0.5%。

⑦通风系统在使用期间应有专人检查养护，保护供风管路不损坏。

(3)施工用电。

①洞内照明系统应安装应急照明灯，防止临时停电，应急照明灯宜不大于50m设置一个(可参考附录B附图16)。通风机房、绞车房、变电所等必须设有故障照明设备。

②隧道照明保证灯光充足、均匀，不得耀眼。运输道路未成洞地段每隔6m、成洞地段每隔10~20m，装设不低于60W照明灯一个；漏水地段用防水灯头和灯罩(可参考附录B附图17)。易燃、易爆等危险品的库房或洞室必须采用防爆型灯具或间接式照明。

③高压风水管和通风管设在隧道同侧，高压风水管安装在离地面不小于0.4m的位置，通风管悬挂在离地面不小于2.5m的位置；高压线、动力线、照明线安装在隧道的另一侧，按高压、动力、照明线顺序上中下敷设；动力、照明线分开架设，线间距不小于10cm，离地面不小于2.5m，高压线离地面3.5m以上，低压线路采用三相五线制(可参考附录B附图18)。

④在隧道内需设置10kV及以上变电站时，变电站应选择在干燥的车行横洞内，周围须装设防护遮栏和警示灯，悬挂"止步，高压危险"或"禁止攀登，高压危险"等安全警示牌。变压器与周围及上下洞壁的最小距离不得小于300mm。

⑤变电站应采用井下高压配电装置或相同电压等级的油开关柜，禁止使用跌落式熔断器。低压应采用成套组合电器或带有空气断路器的低压配电盘。

⑥洞内及井下配电变压器严禁采用中性点直接接地方式(专供架线电机车交流设备用的专用变压器除外)，同时严禁由地面上中性点接地的变压器或发电机直接向洞内及井下供电。36V以上的供电设备和由于绝缘损坏可能带有危险电压的设备的金属外壳、构架等，必须有接地保护。电气设备的接地保护，每班均应由当班专业人员进行一次检查。

⑦非专职电气人员，不得操作电气设备。操作高压电气设备主回路时，必须戴绝缘手套。穿电工绝缘靴并站在绝缘板上。手持式电气设备的操作手柄和工作中必须接触的部分，应有良好绝缘。使用前应进行绝缘检查。低压电气宜安装触电保护器。

⑧电器(气)设备外露的转动和传动部分(如靠背轮、链轮、皮带、齿轮等)，必须加装遮栏或防护罩。

⑨洞内防爆电气设备，在安装前应由合格的防爆电气检查人员检查其安全性能，合格后才可安装，使用期间应定期进行测试和检查。

⑩直接向洞内供电的馈线上，严禁设自动重合闸，手动合闸时必须与洞内值班员联系。

⑪洞内检修、搬迁电气设备(电缆和电线)时，应切断电源，并悬挂"有人工作，严禁送电"等警告牌。需带电搬迁设备时，应制订出安全措施，经主管部门批准后，在专业技术人员的监护下进行。

(4)交通安全措施。

①凡停放在接近车辆运行界限处的施工设备与机械，应在其外缘设置警示灯，组成显示界限。

②工作台车和衬砌台车应设置单独固定的警示灯，台车上内轮廓应设置连串式彩灯，并粘贴反光膜。行车通道具有足够的空间，满足洞内运输车辆通行。

③仰拱施工地段前后须设置警示锥形桶。

④在洞口、成洞地段设置 15km/h 限速牌；在未成洞地段、工作台架(车)处、大型设备停放处须设置 5km/h 限速牌；在二衬、仰拱、路面等施工地段前方 30m 处设置“前方施工、减速慢行”标牌，尺寸不小于 600mm×800mm，离地高度 1.2m。

(5)消防安全设施和防排水措施。

①二衬台车应设置磷酸铵盐干粉(ABC)4kg 灭火器 2 个，防水板台车每层工作平台上应设置磷酸铵盐干粉(ABC)4kg 灭火器不少于 2 个，洞口值班室应设置磷酸铵盐干粉(ABC)4kg 灭火器不少于 2 个。

②集水井、检查井等孔口应采用覆盖防护，并设置警示标志。

③离隧道 20～30m 处设置沉淀池一个，排水沉淀池周边应设置安全护栏，张挂密目式安全立网，并设置警示标志。

④预计开挖工作面前方有承压水，应立即暂停掘进施工，采取措施，进行排水降压。采用超前钻孔或辅助坑道排水。超前钻孔及辅助坑道应保持 10～30m 的超前距离，最短亦应超前 1～2 倍掘进循环长度。

⑤预测前方有高压涌水时，立即暂停掘进，采用钻孔排水的方法降低地下水的压力。封堵涌水注浆应先在周围注浆，切断水源，然后顶水注浆，将涌水堵住。

(6)台车防护。

①工作台车平台应满铺，并设安全防护栏、爬梯、防滑等设施，安全防护栏高度不低于 1.2m，立杆间距不得大于 1.5m，横杆间距不得大于 60cm，并设密目式安全立网及彩灯或反光标志。立杆和扶杆宜采用钢管制作，并涂防锈漆、红白相间的安全色。

②在工作台车两侧防护栏杆外侧配挂全反光材料制作的一组安全警示牌，至少包含“须佩戴安全帽、注意安全、当心机械伤人、当心坠落、当心落物、禁止烟火”6 个标牌(可参考附录 B 附图 19)。

③开挖台车的各作业平台应为可调性平台，上下行通道设栏杆扶手，在台架底部配置消防器材，便于处治应急火灾事故。

④开挖台车下方应具有足够的空间，满足洞内运输车辆通行，内轮廓应设置警示灯。

⑤开挖台车通道口两侧顶部应设置限高标志牌。

(7)应急设施。

①隧道内的人行通道、车行通道在具备施工条件时应及时贯通，在横通道口及通道内设置指示标牌及应急照明灯。

②在洞外修建应急物资库房，准备充足的型钢、方木、圆木、钢管、钢筋等应急物资。

③长大隧道开挖面至二衬之间，应设置直径不小于 100mm 钢管的救生管道；地质不良地段，开挖面还应设置总长度大于 50m、直径不小于 600mm、壁厚不小于 10mm 的钢管，作为必要的安全逃生通道。

④钻孔台车须配备工具箱，箱内存放应急照明、扳手、手钳等工具。在掌子面附近须配备应急箱，箱内存放食品、饮用水、紧急医用药物等应急物资，专人负责，定期更换。

(8)竖井、斜井。

①竖井井口平台应比地面至少高出 0.5m，井口应设有严密的井盖、防雨设施，接罐地点应设置牢固的活动栅门，由专人保管，井口周围应设置安全栅栏，高度不小于 600mm。

②竖井应加强通风和排水。

③竖井运输应符合以下规定：

A.采用吊桶升降人员与物料时，吊桶上方必须设置保护伞；用自动翻转式吊桶升降人员时，须有防止吊桶翻转的安全装置；严禁人员与物料一起运送。

B.通向井口的轨道应设阻车器。

C.井口、井底、绞车房和工作吊盘间距应有联络信号，并有专人负责。必要时应装设直通电话。

D.提升机械不得超负荷运行，并应有深度指标器和防止过卷、过速等保护装置以及限速器和松绳信号等。

E.提升吊桶所用钩头连接装置应牢固，不得自动脱钩，并应有缓转器。罐笼提升应设置可靠的防坠器。

F.提升用的钢丝绳和各种悬挂使用的钩、链、环、螺栓等连接装置，应具备规定的安全系数，使用前应进行拉力试验，合格后才可使用。使用中应定期检查、修理和更换。

④斜井施工应按设计要求及时支护。倾角大于30°且地质条件较差的斜井衬砌，其墙基的末端应做成台阶形式。

⑤斜井右侧应设1m的人行梯步供进出施工人员行走，与运输轨道的安全距离不小于2.5m，人行梯步设置1.2m高的护栏。人行梯步每隔50~100m设置一处休息平台。

⑥斜井运输车辆升降的最大速度不得大于设计规定值。提升绞车应有深度指示器和自动示警装置，并设有防过卷装置。斜井的提升、连接装置和钢丝绳、绳卡应满足安全使用的要求，并定期检查、上油保养，发现问题及时处理。

⑦运输斗车之间、斗车和钢丝绳之间，应有可靠的连接装置，并加装保险绳。在斗车上、钢丝绳或车钩上，应有防脱钩设备。

⑧斜井的垂直深度超过50m时，应配备运送人员的车辆，车辆必须有顶盖，必须装有可靠的防坠器，当断绳时可以自动启动，同时也可以手动启动。运送人员之前必须启动检查，并进行一次空运，检查安全状况。严禁超员，乘员与携带的工具不得超出车厢。

⑨斜井停车场必须设置避车洞。

⑩井口、井下及卷扬机间应有联系信号。提升、下放与停留应各有明确的色灯和音响等信号规定。运送人员的车辆中须装有向卷扬机司机发送紧急信号的装置。

⑪斜井井口轨道必须设置安全挡车器，并经常处于关闭状态，放车时才准打开。在挡车器下方5~10m处及接近井底前10m处应各设一道防溜车装置。井底与通道连接处应设置安全索。车辆行驶时，井内禁止人员通行和作业。

⑫斜井运输长材料时，必须由装卸及进出斜井的安全措施。

⑬斜井内应有足够的照明设施。

(9)防尘、防毒。

①挖面和衬砌工作面之间应设置喷雾、降尘装置。

②长大隧道在凿岩和装渣工作面应做好下列防尘工作：

A.放炮前后必须进行喷雾洒水。

B.出渣前应用水淋湿渣堆。

C.在压入式的出风口，应配备喷雾器。

D.隧道较长而又无辅助坑道时，宜采用混合式风管通风，如果混合式通风达不到要求，应采用人工风道或风墙的巷道式、管道式通风。

E.作业人员均应佩戴防尘口罩。

③严禁在隧道施工时采用干式凿岩机。

④隧道显著位置应配备HYZ4(B)隔绝式正压氧气呼吸器，以备抢险时使用。

⑤抢险进洞人员均应配发过滤式自救器。

⑥隧道内作业时，作业环境须满足下列卫生及安全标准：

A.空气中的氧气含量在作业过程中始终保持在19.5%以上。严禁用纯氧进行通风换气。

B.空气中的一氧化碳(CO)、二氧化碳(CO_2)、氮氧化物(NO_2等)等有害气体浓度必须符合表3-1规定。

工作场所空气中有毒物质容许浓度(mg/m^3)　　表3-1

中文名(CAS NO.)	MAC	TWA	STEL
二氧化氮	—	5	10
二氧化硫	—	5	10

续上表

<table>
<tr><th colspan="2">中文名(CAS NO.)</th><th>MAC</th><th>TWA</th><th>STEL</th></tr>
<tr><td colspan="2">二氧化碳</td><td>—</td><td>9 000</td><td>18 000</td></tr>
<tr><td colspan="2">一氧化氮</td><td>—</td><td>15</td><td>30</td></tr>
<tr><td rowspan="2">一氧化碳</td><td>非高原</td><td>—</td><td>20</td><td>30</td></tr>
<tr><td>高原</td><td>20</td><td>—</td><td>—</td></tr>
</table>

注:MAC——时间加权平均容许浓度(8h);

TWA——最高容许浓度,指在一个工作日内任何时间都不应超过的浓度;

STEL——短时间接触容许浓度(15min)。

C.空气中的粉尘浓度应符合现行《公路隧道施工技术规范》(JTG F60—2009)的相关规定。

D.噪声不应大于90dB。

E.隧道内气温不宜高于28℃。

⑦瓦斯隧道装药爆破时,爆破地点20m内风流中瓦斯浓度必须小于1.0%;总回风道风流中瓦斯浓度必须小于0.75%。开挖面瓦斯浓度大于1.5%时,所有人员必须撤至安全地点。

⑧作业面开挖复工时,确认通风后有毒、有害气体浓度符合国标后才可进入施工。有害气体和粉尘的测定方法应按现行《工作场所空气中有害物质监测的采样规范》(GB/Z 159—2004)执行。

4)洞口、明洞与浅埋段工程施工

(1)洞口、明洞工程施工。

①安全设施及标志标牌。

A.洞口边、仰坡施工作业平台临边应设置安全护栏。

B.洞口工程爆破作业应于爆破危险区和安全区的交界处设置安全护栏、警戒隔离绳和警戒标志,移动式的可采用工厂的定型产品警戒隔离栏。

C.洞口必须设置安全标志牌、定置管理牌、安全操作规程牌,其制作应规范、醒目。

D.爆破危险区和安全区的交界处应设置警戒牌和专门的警戒人员,警戒人员应使用袖标、警示旗和哨子。

②工程施工。

A.洞口段的路基及边、仰坡在高于2m的边坡上作业时,应特别注意安全防护。洞口开挖及支护前,应先清除和加固洞口上方及侧方可能滑塌的表土、灌木及山坡危石等,施工中应经常检查,特别是在雨雪之后,发现松动危石必须立即清除。端墙处的土石方开挖后,对松动岩层应进行支护。

B.爆破作业应满足相应的安全要求。爆破后应在清除边、仰坡上的松动石块后,才可继续施工。地质不良时边、仰坡应采取加固措施。

C.砌体工程脚手架、工作平台应搭设牢固,并设有扶手、栏杆。脚手架不得妨碍车辆通行。

D.起拱线以上的端墙施工时,应设安全网,防止人员、工具和材料坠落。

E.起重吊装作业应满足有关安全要求,起吊材料时机下严禁车辆和人员通行。

F.进洞坡道顶与隧道口之间需有一定的安全距离,保证车辆进出安全,最小安全距离不得小于5m。

G.洞口土石方开挖前须完善截排水设施。洞口土石方开挖应自上而下分层开挖,分层支护。

H.洞口工程施工时应对周围有影响的建(构)筑物、既有线、洞口附近交通道路采取防护措施。

I.隧道施工过程中,应按规定对洞口边仰坡进行监控量测,随时检查变形状态,发现不稳定现象时,及时采取措施。

(2)浅埋段工程。

①浅埋地表安全监测应使用地表观测标志,浅埋地表安全监测地段作业时应设置安全护栏。

②隧道所有浅埋区域应设置警戒隔离绳和警戒标志。

5)隧道开挖

(1)一般要求。

①洞内运输道路平顺、整洁,排水设施良好,并有人定期维护。各种机械车辆、人员能顺利到达作业面。

②“三管二线一平”安全可靠,布局合理,顺直成线,场地平整。

③隧道的开挖必须坚持“三检”制度,做到“开挖不坍方,回填密实”。

④进出口相向开挖面之间的距离只剩下30m贯通时,只允许从一个开挖面掘进贯通,另一端应停止工作并撤离人员和机具设备,在安全距离处设置警告标志。

⑤隧道施工必须采取综合防尘、防毒措施,定期检查粉尘及有害气体浓度,并保证隧道作业环境空气中含有的有害气体、瓦斯、粉尘等的浓度不超标。

⑥洞内照明应根据开挖断面的大小,施工工作面的位置合理分布,保证灯光充足、均匀、不耀眼。漏水地段应用防水灯头和灯罩,在有瓦斯的隧道内,供电照明及其他电气设备必须是防爆性设施。

⑦必须安排具有资质条件的检测单位进行超前地质预报,实时掌握开挖面的地质情况,特殊地质地段提前做好安全防护措施。

⑧软弱围岩地段开挖,应配备足够长度、可手动拆卸的逃生钢管,管径不小于600mm,管壁厚度不小于10mm,每节长度为4~6m。

⑨必须严格按照相关技术规范要求和施工方案进行施工。

(2)洞身开挖。

①当同一隧道两个工作面接近贯通时,两端担任掘进的施工单位应加强联系,服从统一协调指挥。两个工作面的距离接近余留8倍循环进尺时,应及时报告相关负责人,由负责人决定另一端停止掘进,将人员和设备撤出,并在安全距离处设置警示标志,禁止人员入内,直至全面贯通。

②两座平行的隧道开挖时,其两个同向开挖工作面应保持合理的纵向距离;间距小的隧道,须采取措施防止后行洞开挖对先行洞产生不良影响。

③隧道在开挖下一循环作业前,须对照设计检查初期支护施作情况,确保施工作业环境安全。

④全断面法开挖应采用机械进行找顶。

⑤台阶法开挖施工时,台阶长度不宜超过隧道开挖宽度的1.5倍。台阶下部开挖后,须及时喷射混凝土进行封闭;当设有钢架时,须及时安装下部钢架并喷射混凝土,严禁拱脚长时间悬空。

⑥环形开挖留核心土法施工时,开挖进尺宜为0.5~1m;核心土面积不应小于开挖断面面积的50%。开挖后应及时施工喷锚支护、安设钢架支撑,相邻钢架须用钢筋连接,并应按设计要求施工锁脚锚杆。

⑦中隔壁法、交叉中隔壁法施工时,开挖侧喷射混凝土强度达到设计要求后再进行另一侧开挖。同层左、右两侧沿纵向应错开10~15m的距离,同侧上、下层开挖工作面相距应保持3~5m。中隔壁及临时支撑应在仰拱施工完成后逐段拆除。

⑧采用双侧壁导坑法施工时,导坑宽度不应大于0.3倍隧道宽度,侧壁导坑、中槽部位开挖应采用短台阶,台阶长度3~5m,必要时应预留核心土,侧壁导坑开挖应超前中槽部位10~15m。导坑与中间土体同时施工时,导坑应超前30~50m。

⑨仰拱开挖时,应采取措施保证施工交通安全,应控制一次开挖长度,开挖后应立即施作初期支护,封闭成环。采用分部法开挖的,临时支护应根据监控量测结果逐段拆除,每段拆除长度不得大于2m。

⑩钻孔前,须由专人对开挖作业面安全状况和作业人员安全防护进行检查,及时消除各种安全隐患。钻孔作业时,须采用湿式钻孔,严禁在残孔中继续钻孔,并注意观察开挖工作面有无异常漏水、气体喷出、围岩变化等情况。

(3)钻孔。

①钻眼前,应检查工作环境的安全状态,灯光照明是否良好,支护、顶板及两帮是否牢固,应待开挖面清除浮石并进行及时支护以及处理完瞎炮后,才可进行钻眼作业。

②凿岩机钻孔眼时,必须采取湿式凿岩机或带有捕尘器的凿岩机。

③钻孔台车、风钻钻眼前应对所用设备工具做下列检查,不合格的须立即修理或更换:

A.钻孔台车应检查:台车停靠是否稳固;钻杆钻头是否稳固;液压部分有无漏油、机械运转是否正常;湿式凿岩机水爪是否满足钻眼要求、水路是否畅通。

B.风钻应检查:机身、螺栓、弹簧、支架是否完好;气管、水管是否良好,连接是否牢固;钻杆是否顺直、是否带伤以及钎孔是否有堵塞现象。

④凿岩机的支架设置在渣堆上时,应保持渣堆的稳定。

⑤严禁在残眼和裂缝处钻孔。

⑥大型钻孔台车进出洞经过的路段和临时台架,应认真检查安全界限,并有专人指挥,就位后不得倾斜。

⑦钻孔操作时应先开水再开风,停钻时应先停风再停水。开眼时先低速运转,当钻进一定深度时再高速运转。

⑧利用高压风对装药前的钻孔进行清孔,清孔时应在工作面设置警戒隔离带。

(4)装药。

①刚打好的炮孔不得立即装药,应待炮孔冷却后才能装药。

②爆破工仔细核对所装炮孔和手上炸药品种、数量是否与要求相符,核对雷管段位和所装炮孔是否相符。

③用炮棍将炸药装到底,并记好每次炮棍插入的尺寸,保持装药的连续性。

④加强炮眼堵塞,提高爆破效果,周边眼的堵塞长度不得小于400mm。

⑤每次爆破用的炸药、雷管等火工用品,必须用设锁的火工品场内运输专用箱来分别运送至洞内;装药完毕后必须核对火工品的数量。

(5)爆破。

①洞内爆破作业必须统一指挥,统一信号。

②洞内实施爆破时,所有人员必须撤离,撤离的安全距离应满足下列要求:

A.独头巷道内不小于200m。

B.相邻上下坑道内不小于100m。

C.相邻坑道、横通道及横洞间不小于50m。

D.双线上半断面开挖时不小于400m。

E.双线全断面开挖时不小于500m。

③遇有下列情况时,严禁装药爆破:

A.照明不足。

B.开挖面围岩破碎尚未支护。

C.出现流沙、流泥未经处理。

D.可能有大量溶洞水及高压水涌出,尚未治理。

E.没有做好警戒工作。

④洞内爆破不得使用如TNT(三硝基甲苯)、苦味酸、黑色火药等爆炸时会产生大量有害气体的炸药。

⑤洞内爆破不得采用明火起爆。

⑥爆破后必须通风排烟,15min后检查人员才可进入开挖面检查,并经过以下各项检查和妥善处理后,其他工作人员方准进入工作面:

A.有无瞎炮及可疑现象。

B.有无残余炸药或雷管。

C.顶板及两帮有无松动的围岩。

D.支撑有无损坏与变形。

⑦有瞎炮时必须由原爆破人员按规定处理。

⑧装炮时严禁有火种,无关人员、机械设备均应撤离至安全地点。

⑨爆破时,爆破工应随身配带手电筒,并设故障照明。

⑩钻孔与装药顺序应自上而下,钻孔与装药孔至少隔开一排,其距离不小于2.5m;钻孔与装药人员必须分区;装药与钻眼不得平行作业。

⑪爆破后须检查隧道顶板及两侧有无松动围岩、支撑有无变形、损坏。可以立即清除的危岩应安排专人立即清除。对于不能立即清除的危岩,应加支护并设置警示标志,警告作业人员不要靠近。排除危岩的工作人员必须正确佩戴安全帽。

⑫两个相向贯通开挖的工作面接近时,应加强两端的联系和统一指挥.当工作面距离剩下15~30m时,只允许从一个开挖面作业,另一端应停止施工,撤走人员和机具,并在安全距离处设置禁止入内的警示标志。

⑬瓦斯隧道炮孔堵塞长度须不小于炮孔深度的一半。

⑭采用电雷管起爆时,必须符合现行国家标准《爆破安全规程》(GB 6722—2014)的有关规定。

⑮爆破器材的现场管理等其他内容参考路基爆破安全管理规定执行。

6)出渣和运输

(1)装渣与卸渣。

①装渣过程中,应注意观察掌子面围岩的稳定情况,发现松动岩石或有塌方征兆时,须先处理再装渣。

②装渣机械在操作中,其回转范围内不得有人通过。

③装渣时若发现渣堆中有残留的炸药、雷管,应由专业人员立即处理。

④机械装渣的辅助人员,应随时留心装渣和运输机械的运行情况,防止挤碰。

⑤在装、卸渣作业场所应设警示牌。

⑥渣场下边缘危险范围内设安全护栏,并设密目式安全立网围挡。

⑦运输车辆严禁人料混载,严禁超载、超宽、超高运输。运装大体积或超长料具时,应有专人指挥,专车运输。

(2)洞内运输。

①运输时在洞口、平交道口、狭窄的施工场地,应设置“缓行”标志,必要时设专人指挥交通。

②凡接近车辆限界的施工设备与机械(如停放在洞内的车辆、施工机械、模板台车)均应在其外缘设置低压红色闪光灯,显示限界。洞内电线、风管、水管应设置在车辆不易碰挂的位置。

③车辆行驶时,严禁超车。

④洞外卸渣处的路面应做成不大于4%的上坡段,在渣堆边缘内80cm处必须设置挡车装置和标志,以及足够宽的卸车平台。

⑤洞内倒车与转向,必须开灯、鸣笛并由专人指挥。

⑥运输车辆使用前应详细检查,不得带故障运行;启动前应瞭望和鸣笛;驾驶室不得搭载其他人员;不得超速行驶。

⑦岔道口及路线变更处应设置“鸣笛”标志牌。

⑧道路转弯处应设置“转弯”警示牌。

⑨隧道内施工的运输机械应靠边停放,远离爆破点;停放点应选择围岩稳定、支护结构已完成、无渗漏水的位置。

7)施工支护

(1)一般规定。

①根据围岩稳定情况采取有效支护,支护前应对围岩变形情况进行必要的监控量测。

②施工期间,应对支护的工作状态进行定期和不定期的检查。在不良地质地段,应由专人每班检查。当发现支护变形或损坏时,应立即修整加固。

③在渣堆上作业时,应避免踩踏活动的岩块。

④在梯、架上作业时,安置应稳妥,应有专人监护。

⑤构件支撑的立柱不得置于虚渣和活动石块上。在软弱围岩地段,立柱底面应加设垫板或垫梁。各排支撑应纵向联系横撑,使之联结牢固构成整体。

⑥暂停施工时,应将支护直抵开挖面。

⑦正洞与辅助坑道(横洞平行导坑)的连接处,应加强支护,并及早进行二次衬砌。

⑧当发现已锚固区段的围岩有较大变形或锚杆失效时,应立即会同技术人员分析研究并采取有效措施。

⑨对开挖后自稳程度很差的围岩应采取超前锚杆、超前大管棚、超前预注浆等方法进行预支护。

⑩当发现量测数据有突变或异变时,应于量测后1h内(尽可能早)通知现场负责人,并采取应急措施或通知施工人员暂时撤离危险地段。

⑪傍山或浅埋隧道施工时,应控制拱顶的最大允许沉降量,并对洞内拱顶和地表布置的测点定时观测,发现洞内和地表位移值等于或大于允许位移值,以及洞内或地面出现裂缝时,应视为危险警告信号,必须立即通知作业人员撤离现场。

⑫不良地质隧道中喷锚支护应有钢架支撑备用品,以应急需。

(2)锚杆施工。

①锚杆钻孔。

A.打眼前应敲帮问顶,清除危石,发现危岩,及时采取相应的安全技术措施,然后再打锚杆眼。

B.杆眼的方向与岩层面或主要裂隙面应成较大角度布置;如果岩层层面与裂隙面不明显时,应与隧道断面尽量垂直布置。

②锚杆安装。

A.压浆机在使用前应进行检查并试转,管路连接应完好,压力应正常,操纵压浆嘴人员应佩戴护目镜及胶皮手套;压浆时掌握喷嘴的人员必须注意喷嘴的脱落,并设法躲避;拔取时必须在撤出压力后进行。

B.在注浆作业开始前和结束后,应认真检查、清洗机械管道和接头,检查后还应经过试运转后才可作业,以防止发生剧烈振动、管道堵塞等现象。当发生注浆堵管或接头堵塞时,及时检修和清洗,应在停止运转、切断电源、关闭风门后,方准进行。

C.注浆作业人员须按规定佩戴防护用品、穿戴防护用具(如胶皮手套、口罩、眼罩、防护罩等)。

D.施工单位应指定专人定期进行锚杆拉拔力试验,防止因锚杆滑脱而造成安全事故。

E.施工期间,现场负责人应会同有关人员对各部位支护定期检查;不良地质地段,安全员随时检查。当发现支护变形或损坏时,应立即修整加固。

F.对开挖后自稳程度很差的围岩,采用超前锚杆和挂网喷混凝土的办法临时支护。

G.施工中需要短期停工的,应将支护直抵工作面。

H.向锚杆孔压注砂浆时,注浆管喷嘴严禁对人放置,在未打开风阀前不得搬动或关启封盖。

(3)喷射混凝土。

①施工操作人员进入现场时必须佩戴安全帽。施工前,应认真检查和处理作业段的危石,施工机具应布置在安全地带。

②现场施工配置专职安全员,负责现场的安全管理工作,施工中应不间断地观察围岩变化及地质的变异情况,预防突发事故的发生。

③对各种施工机具应定期进行检查和维修保养,以保证使用的安全,所有施工机械由专人负责,其他人不得擅自操作;喷射混凝土作业中处理堵管时,应将输料管顺直,必须紧按喷头,朝向无人方向,疏通管路的工作风压不得超过0.4MPa。

④在设备显著位置悬挂操作规程牌,规程牌上标明机械名称、型号种类、操作方法、保养要求、安全注意事项及特殊要求等。

⑤喷射混凝土施工用的工作台架应牢固可靠,并应设置安全栏杆;施工中,喷头前方严禁站人。

⑥喷射混凝土尚未达到一定强度即趋失稳的围岩，喷锚后变形量超过设计允许值以及发生突变的围岩，应用钢架支撑进行支护。

⑦应把喷层的异常裂缝作为主要安全检查内容之一。经常进行观察与检查，并作为施工危险信号引起警惕，尤其是全断面开挖的拱圈，拱顶部分不得因高、难而省略检查。

⑧喷射混凝土时，工作面应加强通风，作业人员必须做好个人防护，喷射手应佩戴防护面罩、防水披肩、防护眼镜、防护口罩、乳胶手套。

⑨喷射混凝土作业时，非施工人员不得进入正在进行喷射混凝土的作业区，施工中喷嘴前严禁站人，并经常检查输料管、接头的使用情况，当有磨损、击穿或松脱时应及时处理。

(4)钢架施工。

①隧道内搬运钢架应装载牢固，固定可靠，防止发生碰撞和掉落。

②钢架的架设应由专人按规定的信号进行指挥，随时观察围岩动态或喷射混凝土的情况，防止落石、坍塌引起伤人事故。

③在架设前，应采用垫板等将基础面垫平。架设时，应采用纵向连续杆将相邻的钢架系牢，防止钢架倾覆或扭转。

④当紧固顶部边接螺栓、楔紧钢架时，作业人员应以正确的姿势站立在平稳、牢固的脚手架上，并佩戴安全带，防止发生事故。

⑤对已安装的钢架应经常检查，如发现扭曲、压曲等现象或征兆时，必须及时采取加固措施，必要时，应令其他人员撤到安全地带，防止因坍塌造成伤亡事故。

⑥钢架及钢筋网的安装，作业人员之间应协调动作，在本排钢架或本片钢筋网未安装完毕，或与相邻的钢架和锚杆连接稳妥之前，不得擅自取消临时支撑。

⑦安装钢架支撑，应遵守起重和高空作业等有关安全规程。根据作业环境和作业程度，对构件倒塌、歪曲、落石、掉块、人员坠落、表层岩塌落、混凝土硬化不充分产生剥落和由于不正确姿势作业，造成跌倒和坠落等应有超前的预防措施。

⑧钢架支撑的抽换、拆除时应"先顶后拆"、先设辅助支撑将横梁托稳后再进行，以防围岩松动坍塌。

⑨根据围岩情况采取有效支护方式，施工期间对支护状态进行定期、不定期检查，对变形、损坏的应及时整修加固。

⑩当钢架侵入限界需要更换时，应先做临时安全措施后采取逐榀更换、先立新钢架后拆除废钢架的方法，严禁先拆废钢架后立新钢架或同时更换相邻的多榀钢架。

8)衬砌

(1)一般规定。

①在2m以上的高空作业时应符合高空作业的有关规定。

②检查和维修混凝土衬砌机械、压浆机械及管路时，应停机并切断风源、电源。

③拱墙模板架及台车下应留足施工净空，保证运输车辆正常通行，衬砌作业点应设明显的限界及缓行标志。

④拆卸混凝土输送软管或管道时，必须先停止混凝土泵的运转。

⑤复合式衬砌防水层的施工台架应牢固，台架下净空应满足施工需要，作业时应设警示标志和专人防护。

⑥衬砌模板台车行走中心线必须与隧道中心线重合，两侧轨面必须在同一水平面上。

⑦衬砌钢筋网焊接作业时，与防水板之间加设挡板，防止电焊火花将防水板烧坏或引燃防水板。

⑧防水板施工时严禁吸烟，照明灯具严禁烘烤防水板。钢筋焊接作业时，应设临时阻燃挡板，防止机械损伤或电火花灼伤防水板。

(2)施工准备及安全设施。

①台架通道上部应满铺木板，应设安全平网兜底。

②衬砌台车作业平台临边应设置安全护栏。

③台车和搭设脚手架平台下方行车通道应满足洞内通车要求,内轮廓应设置警示灯。

④衬砌作业段两端各 20m 处,设置行车限速警示牌。

⑤衬砌模架、台车安装、拆除时,现场应设置警戒隔离绳。移动式的可采用工厂的定型产品警戒隔离栏。

⑥衬砌模架、台车安装等拆除时应设置警戒区,警戒区边缘设置警戒隔离绳和警示牌。

(3)拱架、模板及混凝土施工。

①隧道在衬砌时必须坚持“三检”制度,衬砌及时施作,距掌子面距离:Ⅰ、Ⅱ围岩不超过 200m,Ⅲ级围岩不超过 120m,Ⅳ级及以上围岩不超过 90m;Ⅳ级、Ⅴ级围岩支护必须紧跟掌子面。

②在二衬施工前,应设置专职安全管理人员,检查隧道顶部围岩状况,并及时清除松动的浮石。

③吊装拱架、模板时,工作地段应有专人监护,洞内作业倾卸材料时,人员与车辆不得穿行。

④混凝土灌筑前,应全面检查模板及支架结构状况,检查钢筋绑扎是否牢固、开挖面有无悬石坍落,验收合格后才可进行浇筑作业。

⑤在捣固作业中,使用插入式振动器时,应穿胶鞋、戴胶皮手套,软轴部分不得插入混凝土中,电源接头必须良好,湿手不得接触电源开关。

⑥洞门衬砌时应先检查仰坡、边坡、坡顶有无裂缝,及时消除坡面危石,尤其是雨后更应认真检查,防止洞外坡面悬石坍塌。

⑦混凝土两端挡头板,应安装牢固可靠不漏浆,灌筑时必须两侧对称进行,不得使台车受到偏压。

(4)衬砌台车。

①衬砌台车的组装、拆卸应在洞外宽敞、平坦、坚实的场地上进行;当条件限制,须在洞内组装、拆卸时,应选在围岩条件较好和洞身较宽阔的地段进行。

②衬砌台车组装完毕后,应由专业人员检查台车各部件连接情况,确保各部件连接牢固可靠,支撑系统、驱动系统应经调试合格后才可投入使用。

③衬砌工作台设置不小于 1.5m 的栏杆,跳板设防滑条、梯子应安装牢固,不得有钉子露头和突出尖角。

④衬砌工作台、跳板、脚手架的承重不得超过设计要求,并在现场挂牌标明。

⑤脚手架与工作台的底板应铺设严密,木板的端头必须在支点上,严禁有探头板。

⑥衬砌台车下的净空应保证运输车辆正常通行,并悬挂明显的缓行标志。

⑦衬砌台车上不得堆放材料和工具。

⑧台车前后轮的相反方向应用铁靴刹住车轮。

9)不良地质隧道安全防护

(1)一般要求。

不良地质隧道除按照前文所述隧道的安全要求外,还需根据不同的地质条件满足本节要求。

(2)瓦斯隧道。

①低瓦斯隧道施工时必须配备便携式瓦检仪,在工作面的上隅角设置便携式甲烷监测报警仪。高瓦斯地段和瓦斯突出地段除便携式瓦检仪外,尚必须配置高浓度瓦检仪和瓦斯自动检测报警断电装置并配备专业救护队。所有进洞人员须配备自救器。

②隧道内高瓦斯地段和瓦斯突出地段的电气设备与作业机械须使用防爆防溅型。洞内使用的金属锤头须镶有不产生火花的合金。隧道内使用的非防爆型电气设备与作业机械,严禁进入高瓦斯地段和瓦斯突出地段。

③洞内照明须采用防爆型的灯头、开关、灯泡等照明器材,输电线路须采用防爆型电缆。进入隧道内的供电线路,在隧道洞口处装设避雷装置。洞内电压不得超过 110V,手提作业灯电压宜为 12~24V。

④隧道内设两回路电源线路,当一回路运行时,另一回路备用,以保证供电的连续性。

⑤自动断电开关须设置在送风道或洞口。每个洞口常备的矿灯应完好，总数应大于经常用灯总人数的10%。矿灯均需编号，领用矿灯须登记记录。

⑥爆破时，须使用煤矿用雷管和煤矿用炸药。若采用毫秒雷管时，其总的延期时间不得超过130ms。严禁使用秒和半秒延期电雷管。

⑦采取光面爆破时，开挖周边力求圆顺，尽量避免顶部出现凹穴、空洞、死角形成瓦斯积聚。开挖后，应及时进行喷锚支护，封闭围岩，堵塞缝隙，防止瓦斯继续溢出。

⑧隧道通风应采用压入式防爆型通风机，通风主机应有一台备用机，并应有备用电源供电。风管应使用阻燃、防静电风管，距掌子面距离应不小于5m。

⑨在掌子面和洞口及值班室设置防爆应急电话。隧道内固定敷设的通信、信号和控制用电缆全部采用矿用电缆。通信线路在隧道洞口处装设熔断器和避雷装置。

⑩洞外须设置消防水池和消防用沙，配置灭火器。水池中应有不小于200m^3的储水量，并保持一定的水压。

(3)岩溶隧道。

①施工中须检查溶洞顶板，及时处理危石。当溶洞较大较高时，应进行安全施工防护。

②溶洞处理应根据设计文件要求，结合现场实际情况，采取引排水、填堵、跨越、绕行等措施。

(4)富水软弱破碎围岩隧道。

①在富水区隧道安装量测仪器或进行钻孔时，发现岩壁松软、掉块或钻孔中的水压、水量突然增大和顶钻等异常情况时，须停止钻进，立即上报有关部门，并派人监测水情。当发现情况危急时，须立即撤出所有受水威胁区域人员，并采取相关措施处理。

②在地下水较多的地段，敷设爆破网络时，接头不得浸在水中，必须做好接头的防水与绝缘处理。

③隧道施工过程中，一旦发现浑水、携带泥沙、顶钻、高压喷水、水量突增等异常情况，必须立即停止施工，分析原因，采取措施进行处理。

(5)岩爆隧道。

①必须配备声发射监测仪和超前钻孔设备；施工人员穿戴好个人防护用品，重点应穿防护背心，主要施工设备须安装防护棚架或防护网。

②掌子面须架设移动防护网，并配备必要的洒水设施。

③隧道施工中，一旦发生岩爆，应立即采取下列处理措施：

A.立即停机躲避，待专业人员检查确认安全后，记录开挖工作面的观察记录，如岩爆的位置、强度、类型、数量以及山鸣等。

B.每循环内对暴露的岩面找顶2~3次。

C.增设摩擦式锚杆(不得代替系统锚杆)，锚杆应装垫板。

D.及时增喷纤维混凝土，厚度为5~8cm。

E.施工机械重要部位应加装防护钢板，避免岩爆弹射出的岩块伤及作业人员和砸坏施工设备。

F.采取技术措施释放围岩内部应力。

3.2.5 交通安全设施

1)一般规定

(1)施工技术方案中应明确交通安全设施的施工安全技术措施，经项目技术负责人审核报监理工程师批准后严格执行。分项工程施工前，应进行技术交底。

(2)单元工程(分部、分项工程)应设置明显的风险告知牌。

(3)临时用电、个人防护、消防、设备管理参考本分册相关规定执行。

2)安全防护设施

(1)在车辆出入口前方，应设置指示方向和减速慢行的标志。施工区行车道之间设置红白相间的隔离设施，施工作业区应提前设置指示标志。

(2)在主线交叉道口、变道口等处应设置减速、限速、指示灯标识。

(3)施工设备、材料存放在主线路面时，周围应设置明显标识。

(4)隧道交通安全设施施工，须满足隧道施工相关规定，洞口应有专人指挥，并设置警告标识标牌。

3)安全防护要点

(1)加强主线便道口的交通管制，严禁非施工车辆进入施工现场。

(2)施工中，作业人员必须配备反光安全帽、反光背心等个人防护用品。

(3)隧道内施工时，应安排专人在洞口指挥车辆，做好通风和照明工作。

(4)安装门架式结构时，严禁施工人员在门架的横梁上作业。

3.2.6　房建及拆除工程

1)房建工程

(1)钢筋工程安全防护。

①作业人员必须安全培训考试合格后，才准上岗作业。作业前必须检查机械设备、作业环境、照明设施等，并试运行满足安全要求后，方可作业。

②操作人员必须熟悉钢筋机械的构造性能和用途。应按照清理、调整、紧固、防腐、润滑的要求，维修保养机械。

③机械运行中停电时，应立即切断电源。收工时应按顺序停机、拉闸、锁好闸箱门，并清理作业场所。电路故障必须由专业电工排除，严禁非电工接、拆、修电气设备。

④操作人员作业时必须扎紧袖口，理好衣角，扣好衣扣，戴好防护手套。

⑤机械明齿轮、皮带轮等高速运转部分，必须安装防护罩或防护板。

⑥电动机械的电闸箱必须按规定安装漏电保护器，且应灵敏有效。

⑦工作完毕后，应用工具将铁屑、钢筋头清除，严禁用手擦抹或嘴吹。切好的钢材、半成品必须按规格码放整齐。

⑧在高处、深基坑绑扎钢筋和安装钢筋骨架，必须搭设脚手架或操作平台，邻边应搭设防护栏杆。脚手架上不得集中码放钢筋，应随使用随运送。

⑨绑扎钢筋和安装钢筋骨架时，必须搭设脚手架和马道；层高较高处梁的钢筋绑扎，必须在满铺脚手板的支架或操作平台上进行。

⑩绑扎圈梁、挑梁、挑檐、外墙和边柱等钢筋时，应搭设操作平台架和张挂安全网。绑扎立柱和墙体钢筋时，不得站在钢筋骨架上或攀登骨架上下。3m以内的柱钢筋，可在地面或楼面上绑扎。整体竖向绑扎3m以上的柱钢筋，必须搭设操作平台。

(2)模板工程安全防护。

①作业前应认真检查模板、支撑等构件是否满足要求，钢模板有无严重锈蚀或变形，木模板及支撑材质是否合格。

②地面上的支模场地必须平整夯实，必须排除现场的不安全因素。

③模板工程作业高度在2m及以上时，必须设置安全防护措施。操作人员登高必须走人行梯道，严禁利用模板支撑攀登上下，不得在墙顶、独立梁和其他高处狭窄而无防护的模板面上行走。

④模板的立柱顶撑必须设牢固的拉杆，不得与门窗等不牢靠和临时物件相连接。模板安装过程中，不得间歇，柱头、搭头、立柱顶撑、拉杆等必须安装牢固成整体后，作业人员才允许离开。

⑤基础及地下工程模板安装，必须检查基坑支护结构体系的稳定状况，基坑上口边沿1m以内不得堆放模板及材料。向坑内运送模板构件时，严禁抛掷。使用起重机械运送，下方操作人员必须离开危险区域。

⑥组装立柱模板时，四周必须设牢固支撑，如柱模在6m及以上，应将几个柱模连成整体。支设独立

梁模应搭设临时操作平台,不得站在柱模上操作和在梁底模上立侧模。

⑦用塔吊吊运模板时,必须由起重工指挥,严格遵守相关安全操作规程。

⑧在拆柱、墙模前严禁将脚手架拆除;拆除模板前必须划定安全区域和安全通道,将非安全通道用钢管、安全网封闭,并挂"禁止通行"安全标志,并设专人对可能通行部位进行看护,严禁人员、车辆通过。

⑨操作人员必须在铺好跳板的操作架上操作。已拆模板起吊前认真检查螺栓是否拆完、是否有勾挂地方,并清理模板上杂物,仔细检查吊钩是否有开焊,脱扣现象。

⑩拆除的模板支撑等材料,必须边拆、边清、边运、边码,楼层高处拆下的材料,严禁向下抛掷。拆除电梯井及大型孔洞模板时,下层必须支搭安全网等可靠防坠落措施。

(3)混凝土工程安全防护。

①夜间施工,施工现场及道路上必须有足够的照明,现场必须配置专职电工24h值班。

②混凝土泵管出口前方严禁站人,以防混凝土喷出伤人。

③现场照明电线路必须架空,严禁在钢筋上拖拉电线。

④大风、大雨天气必须停止施工。

⑤混凝土振捣工必须穿绝缘鞋,戴绝缘手套。

⑥泵机运行时,机手不得离岗,并经常观察压力表、油温等是否正常。泵管连接由专人操作,其他人不得随意搭接。混凝土泵送过程中定时、定人检查连接件及卡具有无松动现象。

(4)砌筑工程安全防护。

①在操作之前必须检查操作环境是否满足安全要求,道路是否畅通,机具是否完好牢固,安全设施和防护用品是否齐全,经检查满足要求后才可施工。

②墙身砌体高度超过地坪1.2m以上时搭设脚手架。在一层以上施工,一般采用内脚手架作业,外设安全平网和立网进行防护;采用外脚手架施工时需设防护栏杆和挡脚板后才可砌筑。

③脚手架上堆料量不超过规定荷载,同一块脚手板上的操作人员不超过2人。不得站在墙顶上做画线、刮缝及清扫墙面或检查大角垂直等工作。不得用不稳固的工具或物体在脚手板面垫高操作,更不得在未经过加固的情况下在一层脚手板上再叠加一层。

④砍砖时面向架内打砍,防止碎砖飞出伤人。

⑤在同一垂直面内上下交叉作业时,设置安全隔板,下方操作人员必须戴好安全帽。

⑥用于垂直运输的电梯不得超负荷运输,并经常检查,发现问题及时修理。

⑦装卸砌块时应先取高处、后取低处,防止砖垛倾倒伤人。

⑧人工垂直向上或向下传递砌块时应搭设脚手架,脚手架上的站人宽度应不小600mm。对稳定性较差的窗间墙应加临时稳定支撑,以保证其稳定性。

⑨如遇暴风雨天气,应采取防雨措施,避免恶劣天气吹倒新砌筑的墙体,同时及时浇筑拉梁混凝土,增加墙体稳定性。

⑩大风、大雨等异常气候之后,应检查砌体是否有垂直度的变化,是否产生裂缝。

(5)装修工程安全防护。

①外装修时每天检查外脚手架及防护设施的设置情况,发现不安全因素应及时整改加固,并及时汇报主管部门。

②随时检查各种洞口邻边的防护措施情况,因施工需要拆除的防护,设警示标志,施工结束后及时恢复。在洞口上下施工需设警戒区,派专人看守。

③当施工作业易产生可燃、有毒气体时,须保证屋内通风良好,或配备强制通风设施。

④所有电动工具必须在使用前由电工做防漏电测试,不得带病或超负荷运作,并有可靠的接地接零装置。

⑤在脚手架上进行安装作业时,脚手架的板面必须牢固,加工的碎片或打胶用完的空罐不得随意向下扔。

(6)“四口”“五邻边”安全防护。

①防护材质如钢管、钢管脚手架、安全网等必须满足国家现行规定要求。

②建筑物楼层邻边四周无围护结构时,必须设三道防护栏杆,或立挂安全网加一道防护栏杆。

③楼梯踏步及休息平台处,必须设3道牢固防护栏杆或用立挂安全网作防护。回转式楼梯间应支设首层水平安全网,每隔4层设一道水平安全网。

④对于边长小于250mm的洞口,必须用坚实的木板盖严,盖板应固定防止挪动移位,并进行标识警示。

⑤对于边长大于250mm,小于1 500mm的洞口,采用钢筋和木板防护,在洞口上加螺纹钢筋网片,钢筋直径宜为12mm,钢筋间距不大于200mm,在钢筋上覆盖不小于15mm厚的木模板,用铁丝和钢筋绑扎牢固,铁丝的连接扣向下放置,防止绊人,模板和钢筋应超出洞口300mm。在木板边用水泥砂浆做成斜坡。

⑥1.5m×1.5m以上的孔洞,四周必须设两道防身栏杆,中间支挂水平安全网;下边沿至楼板或底面低于80cm的窗台等竖向洞口,如侧边落差大于2m时,应加设1.2m高的临时护栏。

⑦电梯井口必须设高度不低于1.2m的金属防护门。电梯井内每隔两层且不超过10m设一道水平安全网,安全网应封闭严密。未经上级主管技术部门批准,电梯井内不得做垂直运输通道和垃圾通道。

⑧建筑物出入口处搭设长3~6m、宽于出入通道两侧各1m的防护棚,棚顶应满铺不小于5cm厚的脚手板,非出入口和通道两侧必须封闭严密。

(7)脚手架防护。

①钢管脚手架采用外径不小于48mm、壁厚不小于3.5mm,无严重锈蚀、弯曲、压扁或裂纹的钢管。钢管脚手架的杆件连接必须使用合格扣件,不得使用铅丝和其他材料绑扎。

②脚手架必须按楼层与结构拉接牢固,拉接点垂直距离不得超过4m,水平距离不得超过6m。

③脚手架的操作面必须满铺脚手板,离墙面不得大于20cm,不得有空隙和探头板、飞跳板。脚手板下层设水平兜网。

④操作面外侧应设两道护身栏杆和一道挡脚板或设一道护身栏杆,立挂安全网,下口封严,防护高度应不低于1.2m。

⑤脚手架必须保证整体结构不变形,纵向必须设置剪刀撑,剪刀撑宽度不得超过6根立杆,与水平面夹角应为45°~60°。

⑥其他参考本分册主要机械设备和辅助设施有关规定执行。

(8)其他。

①钢筋的焊接、绑扎等参考桥梁工程安全规定执行。

②临时用电、消防等参考场临时用电安全有关规定和驻地与场站安全有关规定执行。

③支架、塔吊等参考桥梁工程有关规定执行。

2)拆除工程

(1)一般规定。

①应编制拆除工程施工专项施工方案,方案须经项目技术负责人审核报监理工程师批准后实施。必要时应向有关部门办理施工许可。拆除工程应由相应资质等级的施工企业承担,作业前须向作业人员进行安全技术交底。

②在居民密集点、交通要道进行拆除工程的施工脚手架须采用全封闭形式,并搭设防护隔离栅。脚手架应当与被拆除物的主体结构同步拆下。

③在高处进行拆除工程,禁止向下抛掷拆除物。

④保留部分建筑物或构筑物拆除时,应先采取相应的加固措施。

⑤拆除过程中须由专人负责监测被拆除建筑的结构状态,并应做好记录。当发现有不稳定状态的趋势时,须停止作业,采取有效措施,消除隐患。

⑥遇有风力在6级及以上、大雾、雷暴雨、冰雪等恶劣气候影响施工安全时,禁止进行露天拆除作业。

⑦施工过程中,当发生重大险情或安全生产事故时,应及时启动应急救援预案排除险情、组织抢救、保护事故现场,并向有关部门报告。

(2)安全设施。

①拆除工程施工区域应封闭围挡,围挡材料宜采用彩钢板,围挡高度不低于1.8m。当拆除建筑物与交通道路安全距离不满足要求时,须采取安全隔离措施。

②拆除施工区域应设置警告、警示等标识标牌,标识标牌应齐全、醒目、位置合理。必要时,配备足够的消防器材。

(3)安全要点。

①拆除工程施工中,应由专人管理,严格按照施工组织设计和安全技术措施计划进行。

②拆除作业人员应戴安全帽,高处作业时须系好安全带。

③拆除工程作业一般应自上而下按顺序进行,先拆非承重结构,后拆承重结构,严禁立体交叉作业。水平作业时,各工位间应有一定的安全距离。

④作业人员应站在脚手架或其他稳固的结构部位上操作,严禁在拆除物上聚集人群或集中堆放材料。

⑤被拆除的高度超过相邻电力、电信等管线时,超过部分拆除,须采取严密的防护措施,严禁向管线方向倾倒。

⑥拆除工程采用爆破施工时,应严格按照专项方案和现行《爆破安全规程》(GB 6722—2014)的相关规定执行,并做好现场安全警戒工作。

3.2.7　便道、便桥

1)一般要求

(1)施工便道应因地制宜,充分利用现场的地形和地物,减少大填大挖,尽量避开洼地、河流及不良地质地段。

(2)工程完工后,承包人应将施工便道及便桥予以拆除。当地部门要求保留时,要与相关部门签订好协议,否则应予以复耕或对河道进行清理。

(3)跨越河流、沟槽应架设临时便桥,并应遵守下列规定:

①临时便桥施工前,应对水文、地质情况进行调查,对结构进行检算,编制设计图纸及施工方案,并经过监理工程师审查批准后才可实施。施工完成后,应组织相关人员进行验收,合格后才可投入使用。

②施工机械、机动车与行人便桥宽度应据现场交通量、机械和车辆的宽度,在施工设计中确定:人行便桥宽不得小于80cm;手推车便桥宽不得小于1.5m;机动翻斗车便桥宽度不得小于2.5m;汽车便桥宽不得小于3.5m。

③便桥桥面应设置防滑设施,便桥两侧必须设不低于1.2m的防护栏杆,栏杆颜色统一为红白相间,其底部设挡脚板。栏杆、挡脚板应安设牢固。

④便桥两端必须应设置限高、限速、限重标志牌。较长施工便桥两端按规定设置错车道。

2)安全防护措施

(1)在施工便道的急弯、陡坡及高路堤等危险地段应设置防撞设施。在醒目位置设置安全警示标志、指示标识、凸视镜等设施,便道的岔路口及工点的支便道设置指向牌。

(2)便道路口设置便道标识牌、限速标志;施工便道与建筑物、等级道路等转角设置警示装置或可视镜。跨越(临近)道路施工设置警告标志,山区急转弯、陡坡、与乡村道路平交处设置警示标志,易塌方、滚石等危险路段,设置"危险地段,注意安全"等警告标牌。

(3)施工现场(站)区、办公区、生活区等拐弯处设置拐弯指向标志,并设置防撞墩、防撞柱等防护措施。

(4)应加强对临时便道、便桥、码头的日常检查与维护,必要时安排专人指挥。

(5)便道处于傍山时,应注意边缘的危石处理,防止滑坡、塌方破坏便道,危急运输安全。

(6)便桥应经常清理杂物,确保水流畅通,通过便桥的电线、电缆须绝缘良好,并固定在桥的一侧。

(7)沿河便道、便桥应严格按防汛要求,落实防护措施。

3.3 平安工地建设

3.3.1 工作目标

通过开展“平安工地”建设活动,切实将安全生产法律法规、技术标准落实到位,全面夯实安全生产基础工作,切实加强施工现场安全管理,做到施工现场文明施工、安全防护标准化、场容场貌规范化、安全管理程序化,解决安全生产存在的突出问题;落实参建各方安全生产责任,安全培训教育坚持有效,交通运输安全生产发展理念深入人心,施工安全风险得到有效控制。实现杜绝重特大事故、遏制较大事故、减少事故总量的目标,创建“零伤亡”示范性工程,推进安全管理水平整体提升。

3.3.2 实施方案

1)建立健全安全生产管理制度,落实安全生产责任

严格按照要求对项目部各部、各施工队有关人员实行责任登记;项目部各部、各施工队应按实际分工明确岗位职责;特种设备必须经有关部门进行检疫鉴定;项目部应建立各项安全生产教育培训制度、安全检查制度、安全生产费用保障制度、特种作业人员持证上岗制度、安全技术交底制度、专项施工方案审查制度、特种作业设备验收登记制度、安全事故应急救援制度、危险源登记及注销制度、安全事故报告制度。

2)严格执行专项施工方案检查制度

对危险性较大的分部分项工程应当编制专项施工方案,经项目部技术负责人、监理工程师审查签字确认后实施,由专职安全员进行现场监督。

3)严格执行劳动用工登记制度和岗前安全培训教育制度

项目部应建立劳务民工动态管理台账,对进场劳务民工和新上岗的施工人员进行岗前安全教育培训;对分项分部工程开工前应对施工人员进行安全技术交底。特种作业人员必须进行岗前培训,并持证上岗。

4)加强施工安全隐患排查治理

安全部应制订安全隐患排查计划,排查内容应按工程实际开展情况制订,建立施工安全隐患治理台账;对排查出的隐患应明确整改责任人、制度整改措施、确定整改时间,并对隐患治理情况定期进行检查。

5)施工场地总体布设、施工驻地建设、施工作业安全防护达标

施工总体布置应符合施工安全需要,临时便道设置、临时用工安全布置、拌和系统和预制场的布置等应按有关规定进行。严格执行施工人员管理达标制度:一线人员用工登记、施工安全培训记录、安全技术交底记录、施工意外伤害责任保险等符合有关规定;其次是施工现场防护达标制度:一线人员个人防护措施、施工现场安全防护措施等应符合有关规定。按照《公路水运工程安全生产监督管理办法》(交通部令 2007 年第 1 号),严格执行安全技术交底制度,施工单位负责项目管理的技术人员,应当如实向施工作业班组、作业人员详细告知作业场所和工作岗位存在的危险因素,并由双方签字确认。在上述场所设置明显的安全警示标志,在无法封闭施工的工地,还应当悬挂当日施工现场危险告示,在无法封闭施工的工地,还应当悬挂当日施工现场危险告示,以告知行人和社会车辆。

施工作业现场必须设立安全警示标示。做好防护工作,施工前必须严格落实各方责任,做好超前预报、监控量测等各项工作。

6)严格执行施工安全专项费用保障制度

必须保证安全生产费用全部做到专款专用。项目部安全生产经费应完全用于施工安全防护用具及设施的采购和更新、安全施工措施的落实、安全生产条件的改善。

7)强化安全生产专项检查

加强安全生产日常检查管理,坚持工地巡视制度,建立科学、规范、严格的安全生产检查制度。

8)认真组织安全生产应急演练

项目部应根据不同时期的安全生产工作重点、难点和面临的特殊困难、问题,制订好安全生产应急预案,有针对性地组织开展安全生产应急演练。

4　特殊作业安全

4.1　特殊季节与夜间施工的安全措施

4.1.1　冬季施工

1)一般规定

(1)合理安排施工周期,尽量避免冬季施工。如不得已在冬季施工,应报备相关部门,在施工组织设计中必须明确冬季施工安全技术措施,并在施工中严格执行。

(2)加强作业人员冬季劳动保护,做好冬季施工安全技术交底,落实防滑、防冻、防火、防中毒、防坍塌等措施。

(3)施工单位应与当地气象部门保持联系,及时掌握大雪、暴雪天气的信息。编制应急预案,对暴雪等灾害采取有效的防范措施,并组织全员进行安全培训,一旦遭遇暴雪等灾害,立即启动应急预案。

(4)冬休期,应组织专业人员对各类设施特别是安全设施进行定期检查维护,及时排除安全隐患。

(5)对冬休期在工地值班人员必须做好相关安全教育(包括人身安全、财产安全、工程安全等),安全防护设施齐备,建立定期与总部联系汇报制度。

2)安全防护设施

(1)防止施工场地、运输道路积水和结冰,造成安全隐患;脚手架、作业平台必须铺设防滑条、防滑垫等防滑设施。

(2)施工便道、便桥等应铺设防滑材料。

(3)冬季施工时,应备好保温用的厚毡毯、塑料薄膜、保温棉等材料。

(4)应在施工便道陡坡、急弯路段和施工作业场所设置醒目的防滑警示牌。

3)安全管理要点

(1)冬季施工须加强消防、易燃易爆危险品、防中毒等管理,并做好日常巡查检查。

(2)电闸箱、电焊机、变压器和电动工具、电线等应远离保温物资,避免线路打火引发火灾。

(3)工地临时用水管应埋入冻土层以下或用保温材料包裹进行保温,防止结冰冻裂。

(4)所有在用的施工机械设备应结合例行保养进行一次换季保养,换用适合冬季低温的燃油、润滑油、液压油、防冻液和蓄电池灯等,以防使用时出现事故。对于长期停用的机械设备,应放净设备和容器内的存水,并逐台检查做好记录,对于正常使用的机械设备,工作结束停机后应将设备内的存水放净。

(5)雪后应立即对所有用电设备、线路进行全面检查,发现问题立即处理,配电箱、电器设备等应停电后处理潮湿部位,使其干燥恢复绝缘后,经检测绝缘电阻达到合格后再进行送电作业。

(6)大风雪前须及时将露天放置的配电箱、开关箱、电焊机、切割机、钢筋加工机械等设备设置防风雪防潮设施,防止雪水进入箱内、电气设备内,造成危险。

(7)大雪前应及时将低洼处的机械、设备撤离到安全的地方,大型临建设施应整修加固好,保证不塌、不倒、有一定支撑力。

(8)雨雪天气应及时清除施工工棚、作业平台、上下通道等设施上的积雪、冰块,必要时应进行加固处理。

(9)霜雪过后,应对使用的临时支架和临边防护设施进行检查,发现问题及时处理。

(10)低温、大雪后应对沟槽支撑结构进行全面检查,并立即清理积雪、寒冰,深基坑应当派专人进行认真测量、观察边坡情况,发现边坡裂缝、疏松、支撑异常、走动等危险征兆,应当立即采取措施。

(11)施工车辆在严重冰雪路面行车须加装防滑链,行进中应保持安全行车距离,降低车速,防止发生追尾事故。

(12)应由专业电工负责安装、维护和管理用电设备,严禁其他人员随意拆装电气线路。

(13)严禁使用裸线,电缆线破皮三处以上不得投入使用,电缆线破皮处必须用防水绝缘胶布处理,电缆线铺设应防砸、防碾压、防止电线冻结在冰雪之中,大风雪后应对用电气线路进行检查,防止电缆线断线和破损造成触电事故。

(14)重视施工机械设备的防冻防凝安全工作,所有在用的施工机械设备应结合例行保养进行一次换季保养,换用适合寒冷季节气温的燃油、润滑油、液压油、防冻液和蓄电池液等。对于长期停用的机械设备,应放净设备和容器内的存水,并逐台检查做好记录;对于正常使用的机械设备,工作结束停机后要求将设备内存水放净。

(15)采用煤、电、电炉取暖的场所,应满足防火要求,并注意防止一氧化碳中毒、触电事故;宿舍等休息场所禁止直接使用煤炉取暖。

4.1.2 高温季节施工

1)一般规定

(1)施工组织设计中应明确高温施工安全技术措施和应急措施,并在施工中严格执行。

(2)合理调整作息时间,避开高温时间作业。

(3)应加强密闭环境内、高温条件下作业场所的通风、降温措施。

2)安全防护设施

(1)对露天作业中的固定场所,应搭设歇凉棚,防止热辐射,并经常洒水降温。

(2)应保证及时供应满足卫生要求的茶水、清凉含盐饮料、绿豆汤等,及时给工作人员发放防暑降温的急救药品和劳动保护用品。

3)安全管理要点

(1)施工现场的施工垃圾应及时处理,保持清洁卫生,做好文明施工。职工宿舍应保持通风干燥,采取防蚊防鼠防蝇措施。

(2)必须做好食堂管理工作,保障食品卫生,采购新鲜食物蔬菜,食堂应采取一定的封闭措施,挂好纱网,防蚊防蝇,保持通风良好,并定期消毒,确保职工的饮食安全。

(3)生活垃圾应及时妥善处理,保持清洁卫生。

(4)高温季节施工用的各类气瓶必须置于阴凉处,并同时采用湿草袋等遮挡保护措施,严禁受烈日暴晒。

(5)从事焊接和电气作业人员必须擦干汗液才可开展工作,避免电击事故发生。

(6)高温季节须加强消防、易燃易爆危险品等管理;现场安全员和电工定期不定期的检查机械设备和露天架设的线路,防止由于暴晒引起过热、自燃等安全隐患。

(7)成立高温季节应急救援小组,应对突发事故。小组成员应备有急救药品、懂得如何救治中暑人员。

4.1.3 雨季施工

1)一般规定

(1)施工组织设计中应明确雨季施工安全技术措施和应急措施,并在施工中严格执行。需要做好防洪防汛工作,编制相应的应急预案,并报备相关部门批准。

(2)应成立防汛应急组织机构,落实雨季施工安全值班制度,准备充足的应急物资,加强现场巡查。

(3)应与气象、防汛等部门建立防汛联动机制,及时掌握气象、水文等信息。

2)安全防护设施

(1)雨季施工所需要的各种物资、材料都要有一定的库存量,库房要做好保管和防潮工作,确保雨季的物资供应,储备必要的抗洪抢险物资(编织袋、防雨棚、彩条布、铁锹及必要的雨具等)。

(2)在雨季来临之前,对机电设备的电闸箱应采取防雨、防潮措施,并严格按照规范要求安装接地保护装置,防雷措施参考 4.5.3 节规定;同时应备足抗洪用的抽水机、泥浆泵等设备。雨季施工时,处于洪水可能淹没地带的机械设备、材料等应做好防范措施,施工人员应提前做好安全撤离的准备工作。

(3)脚手架、作业平台等应采取防滑措施,人行道、上下坡应挖设步梯或铺砂。露天作业机具应设置防雨设施。

(4)应在施工便道陡坡、急弯路段应设置醒目的防滑警示牌,并设置必要的防滑措施。

3)安全管理要点

(1)加强汛期雨季安全巡查,加强对现场作业人员的教育管理,当达到汛情预警值条件时,立即启动应急救援预案。

(2)雨季前应做好傍山施工现场、便道的边坡危石处理,清除浮石,防止滑坡、坍方威胁工地安全。

(3)雨季前及施工期间,应疏通施工现场排水系统,保证水流畅通,不积水。在河道、河滩上进行施工的单位,应及时疏通河道、沟渠,确保行洪面,不得在河道、河滩或可能引发山洪泥石流的山体、山坡上设置施工棚,夜间不得留宿值班人员。

(4)大雨后作业,应当检查塔吊的基础、塔身的垂直度、缆风绳和附着结构,以及安全保险装置并先试吊,确认无异常才可作业。对龙门吊还应对轨道基础进行全面检查,检查轨道距偏差、轨顶倾斜度、轨道基础沉降、钢轨平直度和轨道通过性能等。

(5)高处作业时,应完善作业场所的防滑措施,加强对安全带、安全网的检查。

4.1.4　大雾、大风天气施工

1)一般规定

(1)施工组织设计中应明确大风大雾天气施工安全技术措施和应急措施,并在施工中严格执行。

(2)应与气象部门建立联动机制,及时掌握气象信息。

(3)尽可能减少大风大雾天气施工作业。

2)安全防护设施

(1)大风预警时,龙门吊、架桥机应增设、加固缆风绳。

(2)施工用电、塔吊、脚手架、立式水泥存储罐、施工工棚等易被风吹动的临时搭建物及水上作业船只,应采用紧固、防滑移设施进行防范。

(3)墩台、塔的钢筋骨架绑扎安装后,未浇筑混凝土部分的骨架和模板超过 8m 时,应设置缆风绳。

(4)大雾天气应在施工重点区域(防撞作业点、重要交叉路口、门洞式通道等)适当增设爆闪灯。

3)安全管理要点

(1)相关应急处置部门和抢险单位加强值班,密切关注大风大雾最新信息,落实应对措施。

(2)大风前后,应对临时设施、临时用电、塔吊、龙门吊、架桥机等防风安全设施进行安全检查,确保各项防风安全措施合格有效。

(3)大风、大雾等恶劣天气时,应尽量避免室外作业,尤其是高空作业。

(4)应加强对基坑的支护及排水的检查;应加强作业人员生活区的管理,严禁将未完工工程的地下室作为住宿场所,工人宿舍取暖设施应设专人管理,严禁明火取暖和乱拉、乱接电器,严防中毒窒息、火灾和触电事故发生。

4.1.5　夜间施工

1)一般规定

(1)合理安排施工周期,尽量避免夜间施工。如不得已在夜间施工,应报备相关部门,在施工组织设计中必须明确夜间施工安全技术措施,并在施工中严格执行。

(2)靠近居民区、村庄、学校、医院等人口密集区域,无特殊情况,应在22:30前结束施工。无法避免时,应提前办理相关手续。

2)安全防护设施

(1)夜间施工时,所有施工车辆、小型机具以及各防护装置均应粘贴反光标牌或反光膜。

(2)夜间施工作业须配备充足、有效的照明设施、通信设施和应急药品;现场作业点采用高架灯(日光色镝灯)作为主要照明设施。作业人员须在巡视或工作过程中穿戴反光背心、配备手电筒。

(3)夜间施工时,应在施工重点(防撞作业点、重要交叉路口、门洞式通道等)适当增设爆闪灯、诱导标识。

(4)施工中的小型桥涵两侧及穿越路基的管线等临时工程,应设置围栏,并悬挂红灯示警标志。

(5)大型桥梁攀登扶梯处应设有照明灯具。

3)安全管理要点

(1)夜间施工须遵照国家、行业等有关规定,严禁盲目施工。夜间施工过程中,严格落实人员点名制度。

(2)应加强对反光标志牌、反光防护设施等的维护、管理。

(3)夜间施工时,须在施工重点防撞作业点、重要交叉路口、门洞式通道等施工作业现场加强防护,安排安全员在现场监管,严禁无关人员及车辆进入施工现场随意穿行。

(4)雷雨、大风等恶劣天气严禁夜间施工作业。同一作业区应避免夜间交叉施工。

4.2 半封闭路段安全施工

4.2.1 跨越道路施工

1)一般规定

(1)跨越道路施工前,施工单位应编制跨越道路专项施工方案,报监理和建设单位审查批准。建设单位组织联系道路主管部门、公安机关交通管理部门协商办理施工或封锁道路的相关手续。作业前须向作业人员进行安全技术交底。

(2)对未中断交通的施工作业道路,施工单位应当协助当地公安机关交通管理部门做好交通安全监督检查,维护道路交通秩序。

(3)跨越公路架设桥梁时,梁体落位前,应封锁该行车道交通,落位稳定后恢复交通。

2)安全防护设施

(1)应根据道路交通的实际需要设置施工标志、路栏、锥形交通路标等安全设施,夜间应有反光或施工警告灯光信号,必要时应使用信号或派旗手管制交通。行车道前方应设置限位门架,禁止超高、超宽车辆通行,支架支墩应设置防撞墩加以保护。

(2)跨越道路施工路段,应采取防护棚等防坠落设施以防止落物伤及行人和车辆。防护棚应进行稳定计算,通行净空应满足要求,标志标牌设置齐全、合理。防护棚长度应各超出跨线桥梁两侧不小于3m,并设置限高、限宽门架,基础应满足防撞要求,必要时提前30~50m处设置减速装置。防护棚顶板宜采用厚度不小于5cm的木板封盖严密,必要时应采用阻燃材料覆盖,防护棚顶板四周应设置不低于80cm高的围挡。

3)安全管理要点

(1)通车路段的路面应清扫干净,防止车辆碾飞土石伤人或雨后泥泞影响通车。

(2)通车路段应加强日常安全巡视检查,及时对防护设施进行管理和维护。

(3)施工作业完毕,施工单位应及时清除道路上的障碍物,消除安全隐患,满足通行要求后,才可恢复通行。

4.2.2　改(扩)建道路施工

1)一般规定

(1)改(扩)建道路施工,应尽量避免边通车、边施工,如果不得不边通车、边施工,施工前必须编制边通车、边施工专项施工与交通管理方案,报监理和建设单位审查批准。必要时应向有关部门办理施工许可。

(2)改(扩)建工程中,边通车、边施工路段的安全生产,除应遵守本分册的有关规定外,还应加强对通行车辆的安全管理,确保施工、交通安全。

2)安全防护设施

(1)施工区安全设施的制作、布设应按现行《道路交通标志和标线》(GB 5768—2009),以及现行《公路养护安全作业规程》(JTG H30—2015)的有关规定执行。其中限速标志应按当地交警部门确定的实施。

(2)改(扩)建工程需挖除旧路路基、路面进行重建的路段,在施工路段的两端应竖立显示正在施工的警告标志。标志应鲜明、醒目。标志与施工路段的距离,应根据开挖宽度、路线等级、交通量等情况确定。

(3)半幅通车路段,在车辆驶出(入)前方应设置指示方向和减速慢行的标志。同时在施工作业区的两端设置明显的路栏。晚间应在路栏上加设施工标志灯。半幅施工区与行车道之间设置红白相间的隔离栅,加设施工标志灯。

(4)在居民点或公共场所附近开挖沟槽时,应设护栏及搭设跳板供行人通过。夜间应设置照明灯和红灯。

(5)在原地拆除旧桥(涵)重建新桥(涵)时,应先建好通车便桥(涵)或渡口。在旧桥的两端应设置路栏,夜间应在路栏上悬挂警示灯,并在路肩上竖立通向便桥或渡口的指示标志。

3)安全管理要点

(1)施工区的基本区划应满足现行《公路养护安全作业规程》(JTG H30—2015)的要求,设6个区域:预告区(即警告区,不小于1 500m)、上游过渡区(导流区,车速限制40km/h,长65~100m)、缓冲区(引导区,不小于50m)、作业区(施工段)、下游过渡区(导流区,大于30m)、终止区(解除限制,不小于30m)。

(2)在拓宽地段,如需在原有道路上运送土石方,宜采用机动车辆运输。采用手推车运输时,可划分部分路面,专供手推车行驶。并应做到:

①剩余部分路面宽度应保证机动车行车安全。

②应用红白相间的栏杆等隔离设施,与机动车行车道隔开。

③设专职人员指挥来往车辆。

(3)在原有路段上,进行降坡改建的工程,有条件的可修建临时便道维持交通,也可在降坡地段半幅施工,另半幅做通车之用。

(4)半幅施工的路段不宜过长,一般以不超过390~500m为宜。

(5)在单车道维持通车路段上,当路段不长、交通量不大时,可在该路段的适当地点设置车辆会让处;当施工路段较长、交通量较大时,应实行交通管制。每班配置专职人员和通信设备,指挥交通,疏导车辆。

(6)应设立专职安全员负责监督现场的安全管理,并及时维护设置的交通安全管理设施。施工作业时,施工人员应身着黄色反光背心。

4.3　主要机械设备和辅助设施安全规定

4.3.1　架桥机

1)一般规定

(1)架桥机拼装完成,在“吊重试吊”运行合格后,才可正式开始安装作业。

(2)架桥机拼装完成后,应检查每一个销轴连接是否牢固,并插开口销;检查螺栓情况,保证所有螺栓紧固;检查电气系统是否正常,接线是否正确,电机转向是否一致;检查液压系统、油泵运转是否正常,阀体动作是否灵活,是否有漏油现象;然后经过当地安监、质检部门的检验并取得使用证书后,才可正式开始吊装作业。

(3)架桥机作业应设专职操作人员、专职电工和专职安全检查员。

(4)架桥机必须设置避雷装置,并经当地气象部门验收合格后,才可使用。

(5)架桥机纵向运行轨道两侧规定高度要求对应水平,保持平稳。前、中、后支腿各横向运行轨道要求水平,并严格控制间距,3 条轨道必须平行。架桥机行走前,检查架桥机轨道铺设情况,架桥机轨距误差不超过 2mm,相距轨道接头高差不大于 1mm;禁止使用已经报废的枕木,限位块安装必须牢固。

(6)斜交桥梁混凝土梁安装时,架桥机前、中、后支腿行走轮位置,左右轮应前后错开,其间距应根据斜交角度计算。

(7)当需安装的桥梁有上下纵坡时,架桥机纵向移位应有防止滑行设施。

(8)连接销子加工材质必须按设计图纸要求进行,不得用劣质材质加工的销子代替。

(9)安装现场的施工人员必须服从指挥人员的统一指挥,在得到指挥人员的指挥信号后,才可开始操作,操作前必须鸣铃示意,如发现指挥信号不清或错误引起事故时,有权拒绝执行,并发出危险信号,操作时对其他人员发出危险信号,也应该注意服从和听从,以免发生事故,指挥人员须熟悉所指挥的架桥机的性能。

2)安全操作

(1)吊、装操作。

①架桥机属大型桥梁安装专用设备,架桥机作业必须分工明确,统一指挥。

②凡进入安装现场的人员必须佩戴好安全帽,系好安全带。

③安装作业严禁超负荷运行;严禁利用起吊设备进行斜吊和拉吊地下预埋件,以免设备荷载过大而造成安全事故。

④施工时,如遇大雨、大雾或 6 级及以上大风影响安全时,应立即停止吊、装作业,要有防溜、防滑等可靠的防护措施并切断电源,以防发生意外。

⑤禁止吊、装人员手抓吊钩下降,以防起吊系统突然失灵而发生安全事故。

⑥当梁板吊起离地面 20~50cm 时,须停车检查起重机械的稳定性、制动器的可靠性、梁板的平稳性。

⑦起吊梁板时,起落、运行速度应均匀,动作应平稳,禁止忽快忽慢,严禁紧急制动。架桥机天车携带混凝土梁纵向运行时,前支腿部位应用葫芦与横移轨道拉紧固定。

⑧架桥机安装作业时,应经常注意安全检查,每安装一孔必须进行一次全面安全检查,发现问题应停止工作并及时处理后才可继续安装作业。

⑨架桥机在停工、休息或中途停电时,应将梁板放至地面,不得悬于空中。

(2)附属操作。

①架桥机悬臂纵移时,上部两天车必须后退,前天车退至后支腿处;后天车退至后支腿和后顶高支腿中间。

②架桥机前支腿顶高就位后,必须采用专用夹具将顶高行程段锁紧,以免千斤顶长时间受力。

③架桥机大车行走方梁的承载能力应满足有关要求,两自由端必须设置挡铁。大车行走箱处配备有专用工具(楔铁)和警示牌。

④架桥机纵向行走轨道的铺设纵坡应小于 3%,主梁纵向坡度小于 1.5%。

⑤架桥机在下坡工作状态下,纵行轨道的纵坡大于3%时,必须用卷扬机将架桥机牵引保护,以防止溜车下滑。

⑥施工单位应安排专人经常检查钢丝绳接头和钢丝绳卡子结合处的连接情况,以免因连接松动发生安全事故。

4.3.2　龙门吊

1)一般规定

(1)施工单位应编制龙门吊安全专项方案,并报监理工程师批准后才可实施。

(2)拼装完成后,应进行空载运转,确认各机构运转正常、制动可靠、各限位开关灵敏有效后,进行"试吊","试吊"合格后,经过当地安监、质检部门检验合格并取得使用证书后,才可正式开始吊、装作业。

(3)作业应设专职操作人员、专职电工和专职安全检查员。

(4)必须设置避雷装置,并经当地气象部门验收合格后,才可使用。

(5)龙门吊的路基和轨道的铺设应符合出厂规定,轨道接地电阻不应大于4Ω。

(6)龙门吊轨道应平直、圆顺,鱼尾板连接螺栓应无松动,轨道和起重机运行范围内应无障碍物,龙门吊运行前应松开夹轨器。

(7)龙门吊作业前的重点检查项目:机械结构外观正常,各连接件无松动;钢丝绳外表情况良好,绳卡牢固;各安全限位装置齐全完好。

(8)操作室内应垫木板或绝缘板,接通电源后应采用试电笔测试金属结构部分,确认无漏电才可上机;上、下操作室应使用专用扶梯;并配备磷酸铵盐干粉(ABC)2kg灭火器1个。

(9)吊运易燃、易爆、有害等危险品时,应经安全主管部门批准,并应有相应的安全技术措施。禁止人随物品一起升降。

2)安全作业规定

(1)吊、装操作。

①龙门吊属专用设备,龙门吊作业必须分工明确,统一指挥。凡进入吊、装现场的人员必须佩戴好安全帽。吊装作业区域应设置明显的警示牌、告知牌。

②吊起重物后应慢速行驶,行驶中不得突然变速或倒退,在提升大件物体时,应栓拉绳防止摆动。两台龙门吊同时作业时,应保持3~5m距离。严禁用一台龙门吊顶推另一台龙门吊。

③行走时,两侧驱动轮应同步前进,发现其偏移时应停止作业,调整好以后,才可继续使用。空车行走时,吊钩应离地面2m以上,停止作业时,应将吊钩收起。

④在龙门吊作业中,严禁任何人从一台龙门吊跨越到另一台龙门吊上去。

⑤操作人员由操纵室进入桥架,进行保养、检修时,应有自动断电联锁装置或事先切断电源,地面应设围栏,并挂"禁止通行"的标志。

⑥当龙门吊吊装作业,遇到6级以上(含6级)大风时,应停止作业,并锁紧夹轨器。

⑦龙门吊的主梁挠度超过规定值时,必须修复后才可继续使用。

⑧作业结束后应停放在停机线上,用夹轨器锁紧,并将吊钩升到规定位置;吊钩上不得悬挂重物;同时检查钢丝绳、滑轮、滑轮轴和导轨等,发现异常、磨损,应及时修理或更换;应将控制器拨到零位,切断电源,关闭并锁好操纵室、开关箱。

(2)附属操作。

①龙门吊应安装夹轨器、铁楔、警报器、警示灯等装置。用滑线供电的龙门吊,应在滑线两端标有鲜明的颜色,滑线应设置防护栏杆。

②电动葫芦使用前,应检查设备的机械部分和电气部分,钢丝绳、吊钩、限位器等应完好,电气部分应无漏电,接地装置应良好。

③电动葫芦应设缓冲器,轨道两端应设挡板。

④电动葫芦严禁超载起吊；起吊时，手不得握在绳索与物体之间，吊物上升时应严防冲撞。

⑤起吊物体应捆扎牢固；电动葫芦吊重物行走时，重物离地面宜超过 1.5m；工作间歇不得将重物悬挂在空中。

⑥电动葫芦作业中发生异味、高温等异常情况，应立即停机检查，排除故障后才可继续使用。

⑦使用悬挂电缆电气控制开关时，绝缘应良好，滑动应自如，人的站立位置后方应有 2m 以上空地并应正确操作电钮。

4.3.3　汽车吊

1）一般规定

（1）操作人员应经过当地安监局的考试并取得上岗证后才可上岗，严禁非操作人员驾驶汽车吊。

（2）操作人员应体检合格，患有高血压、心脏病、较重关节炎、癫痫、耳聋及视力较差者，不得从事汽车吊驾驶工作。

（3）严格遵守驾驶规程和其他相关的安全规章制度，严禁酒后作业。

（4）操作人员必须熟悉汽车吊的构造、性能，了解电气设备的基本知识，掌握捆绑和吊挂知识及指挥信号，通晓汽车吊的维护保养知识。

（5）所操作的汽车吊必须符合各项安全技术标准，并按规定进行维修和检验。

（6）在吊装作业半径内应设置警戒带，告知牌。

（7）操作室内配备磷酸铵盐干粉（ABC）1kg 灭火器 1 个。

2）安全作业规定

（1）汽车吊停放的地面应平整、坚实，应按安全技术操作要求与沟渠、基坑保持安全距离。

（2）汽车吊启动前应重点检查以下项目，并应满足要求：各安全保护装置和指示仪表齐全、完好；钢丝绳及连接部位符合有关规定；燃油、润滑油、液压油及冷却液添加充足；各连接件无松动；轮胎气压符合规定。

（3）作业前应伸出全部支腿，撑脚下必须支垫方木；应将机体调整水平，机体在无荷载时的水平度水准泡必须居中；支腿的定位销必须插上；底盘为弹性悬挂的汽车吊，放支腿前应先收紧稳定器。调整支腿作业必须在无荷载时进行，将已经伸出的臂杆缩回并转至正前方或正后方，作业中严禁扳动支腿操纵阀。

（4）作业时回转半径内不得有障碍物；起重臂伸缩时，应按规定程序进行，在伸臂的同时应相应下降吊钩；当限值器发出报警情况后，应立即停止伸臂；伸缩式臂杆伸出后，出现前臂杆的长度大于后节伸出长度时，必须经过调整，消除不正常情况后才可作业；起重臂缩回时，仰角应符合说明书规定。

（5）起升或降下重物时，速度应均匀、平稳，保持机身平稳，严禁猛起猛落臂杆，防止重心倾斜。严禁起吊的重物自由下落，在输电线附近作业时，起重臂、吊具、辅具、钢丝绳等距输电线距离不得小于表 4-1 的规定。

安全距离　　表 4-1

输电线路电压	1kV 以下	1～35kV	≥60kV
最小距离	1.5m	3m	［0.01（V－50）+3］m

（6）作业中出现支腿沉陷、起重机倾斜等情况时，必须立即放下吊物，经调整机体、消除不安全因素后才可继续作业。

（7）驾驶室内不得存放易燃物，并配备灭火器材；雨天作业时，制动带淋雨打滑时，应立即停止作业。

（8）进行装卸作业时，运输车驾驶室内不许有人；吊物不得从运输车驾驶室上方通过。

（9）两台汽车吊抬吊作业时，性能和起重吨位应相近，单独荷载不得超过其额定起重量的 80%。

（10）轮胎汽车吊需要短距离带载行走时，途经的道路必须平坦、坚实；其荷载必须符合使用说明书的规定，吊物离地高度不得超过 50cm，并必须缓慢行驶，严禁带载长距离行驶。

(11)行驶前,必须收回臂杆,吊钩及支腿;行驶时保持中速,避免紧急制动;通过铁路道口和不平道路时,必须减速慢行;下坡时严禁空挡滑行,倒车时必须有人负责观察瞭望。

(12)行驶时,在底盘走台上严禁有人或堆放材料。

(13)通过临时性桥梁(管沟)等构筑物前,必须遵守安全技术措施交底,确认安全后才可通过;通过地面电缆时应敷设木板保护,通过时不得在上面转弯。

(14)作业后,伸缩式起重机的臂杆应全部缩回、放妥,并挂好吊钩;各机构的制动器必须制动牢固,操作室和机棚应关门上锁。

4.3.4　二衬台车

1)一般规定

(1)台车执行准入制度,台车进场前,施工单位应向监理单位报送台车的相关安全技术资料,并经过施工单位、驻地办、总监办、建设单位四方联合验收后才可进场。

(2)施工人员应严格按照安全技术交底和操作规程作业,杜绝违章作业。

(3)台车拼装完应逐个检查并紧固各连接螺丝,四方联合验收合格后才可开始使用。

(4)工人在台车上施工时应佩戴安全帽、安全带,操作部位应满铺5cm厚木板并牢固固定,严禁出现"翘头板",防止工人高空坠落;台车的前后两侧应设置醒目的反光条。

(5)施工期间有车辆从台车下面通过时,应减速慢行,现场应有专门交通疏导人员对通行车辆进行指挥疏导;严防车辆撞击台车。

(6)施工人员工作前严禁饮酒,作业时严禁穿拖鞋、硬底鞋或易滑鞋操作。

2)安全作业规定

(1)台车轨道基地应平整、坚实,排水良好。

(2)当坡度较大时,应在距轨道端头不小于3m的地方设置卡轨器,防止台车运行时脱轨;当台车处于闲置状态时,应用木楔将台车轮子楔紧,防止台车滑动。

(3)当台车在自有动力下移动时,操作人员应选用有经验的人操作,同时前进方向两侧各派一人查看台车运行情况,在出现异常情况时,随时通知操作人员立即停止移动台车。

(4)台车移动过程中,应缓慢平稳,当移动困难时,严禁强行前进或后退。

(5)台车就位后,作业人员应首先将台车的轮子用木楔楔紧,然后在测量人员指导下进行台车定位。

(6)台车电源线必须经过漏电开关,且该开关漏电动作电流不得大于30mA,漏电动作时间不得大于0.1s;台车电源线必须使用橡套软电缆,且该电缆应是完整的一根,不能有接头;台车应做可靠接地连接。

(7)台车上的照明应使用安全电压,工作灯应设有保护罩。

4.3.5　装载机

1)一般规定

(1)装载机在夜间工作时,工作场所应有良好的照明。

(2)刹车、喇叭、方向机应齐全、灵敏,在行驶中应遵守"交通规则"。

(3)在配合自卸汽车工作时,装载时自卸汽车不要在铲斗下通过。

(4)在满斗行驶时,铲斗不应提升过高,一般距地面0.5m左右为宜。

(5)行驶时应避免不适当的高速和急转弯。

(6)装载机在下坡时,严禁装载机脱挡滑行。

2)安全操作规定

(1)行驶过程中应测试制动器的可靠性,并避开路障或高压线等;装载前应先无负荷运转3~5min,确认各部位是否完好正常,一切正常后才能进行装载作业。

(2)作业前,应检查作业场地周围有无障碍物和危险品,并将施工场地进行平整,便于装载机和汽车的出入。

(3)改变行驶方向及变换驱动操纵杆必须在车停后进行。

(4)运载物料时,应保持动臂下铰点离地面40cm以上,不得将铲斗提升到最高位置运送物料。

(5)禁止在前后车体形成角度时铲装货物;取货前,应使前后车体形成直线,对正并靠近货堆,同时使铲斗平等接触地面,然后取货。

(6)铲斗铲装货物应均衡,严禁铲斗偏重装载货物;禁止用铲斗进行挖掘作业。

(7)驾驶员离车前,应将铲斗放在地面,在铲斗悬空时禁止驾驶员离车。

(8)装载机起升的铲斗下面严禁站人或进行检修作业。

(9)禁止用装载机铲斗举升人员从事高处作业。

(10)装载机在架空管线下面作业时,铲斗起升时应注意不要碰到上方的障碍物;在高压及特高压输电线路下面作业时,铲斗还应与输电线路保持足够的安全距离。

(11)操作装载机时,驾驶员必须精力集中,严禁与他人玩笑打闹,严禁非驾驶员开车。除驾驶室外,机上其他地方严禁载人。

(12)操纵手柄换向时,不应过急过猛;满载操作时,铲臂不得快速下降。

(13)在边坡壕沟凹坑卸料时,轮胎离边缘距离应大于1.5m,铲斗不宜过于伸出;在大于30°的坡面上不得前倾卸料。

(14)通过桥涵时,应先注意交通标志所限定的载重吨位及行驶速度,确认可以通过时再匀速通过。在桥上应避免变速、制动和停车。

(15)作业完成后,装载机应停放在平坦、安全、不妨碍交通的地方,并将铲斗落地。

4.3.6 强夯机

(1)担任强夯作业的主机,应按照强夯等级的要求经过计算选用。用履带式起重机作主机的,应执行履带式起重机的有关规定。

(2)强夯机的作业场地应平整,门架底座与强夯机着地部位应保持水平,当下沉超过100mm时,应重新垫高。

(3)强夯机的门架、横梁、脱钩器等主要结构和部件的材料及制作质量,应经过严格检查,对不满足设计要求的,严禁使用。

(4)在工作状态时,起重臂仰角应置于70°。

(5)梯形门架支腿不得前后错位,门架支腿在未支稳垫实前,不得提锤。

(6)变换夯位后,应重新检查门架支腿,确认稳固可靠,然后再将锤提升100~300mm,检查整机的稳定性,确认可靠后,才可作业。

(7)夯锤下落后,在吊钩尚未降至夯锤吊环附近前,操作人员不得提前下坑挂钩;从坑中提锤时,严禁挂钩人员站在锤上随锤提升。

(8)当夯锤留有相应的通气孔在作业中出现堵塞现象时,应及时清理;但严禁在锤下进行清理。

(9)当夯坑内有积水或因黏土产生的锤底吸附力增大时,应采取措施排除,不得强行提锤。

(10)转移夯点时,夯锤应由辅机协助转移,门架随夯机移动前,支腿离地面高度不得超过500mm。

(11)作业后,应将夯锤下降,放实在地面上;在非作业时严禁将锤悬挂在空中。

4.3.7 摊铺机

(1)工作前,须对摊铺机进行全面的检查,主要检查内容如下:

①发动机应工作均衡、运转平稳,动力性能良好,调速器动作准确。

②离合器、传动链条、三角皮带等调整适当。

③履带松紧适度,轮胎气压要正常,且左右均匀。

④传动系统应工作正常，无冲击、振动、异响等异常现象。

⑤电器系统应工作正常。

⑥操作系统应灵活可靠。

(2)工作前，将各操纵杆、主传动开关置于中间位置，液压系统各调节阀门调到零位，各电器开关处于断开位置，液压传动系统处于不供油状态。

(3)摊铺机上的所有安全防护设施须配备齐全。熨平板接长后，应有相应的安全防护措施。脚踏板宽度须与摊铺宽度相等。

(4)驾驶台和熨平板脚踏板应保持整洁，无油污及拌和料，不得堆放杂物、工具，并配备消防器材。

(5)驾驶台和作业现场应视野开阔，应清除有碍工作的一切设施。

(6)换挡必须在摊铺机完全停止时进行，严禁强力挂挡。

(7)摊铺机接受运料车卸料时，应使摊铺机推滚贴紧运料车轮胎，顶推自卸车前进卸料，两者协调动作，同步行进，须防止运料车冲撞摊铺机。

(8)严禁驾驶员在摊铺机工作时离开驾驶台，无关人员不得在作业中上、下摊铺机或在驾驶台上停留。

(9)轮式摊铺机的差速装置，应在地面附着力不足时使用，结合或断开差速装置时须停机。在结合差速装置时，只允许直行，不得转向。

(10)禁止在坡道上换挡或以空挡滑行。

(11)严禁在加热过程中，熨平板处于无人看管状态和向摊铺机各部喷油清洗。

(12)弯道作业时，熨平装置的端头与路缘石的间距不得小于10cm，以免转向时发生碰撞。

(13)摊铺机在较大的坡道上工作时，应采取特殊安全措施，确保正常工作，防止事故发生。

(14)清洁工作应在作业场地以外进行，宜用专门的清洗液，清洗时禁止明火接近。驾驶员在离开驾驶台前，应将摊铺机停稳，停车制动必须可靠，料斗两侧壁完全放下，熨平板放到地面或用挂钩挂牢。摊铺机停放在交通车道附近时，须在周围设置明显的安全标识标牌，夜间设灯光信号并设专人守护。

4.3.8　压路机

1)一般规定

(1)工作前，须检查各工作机构及各紧固部件是否完好。

(2)启动发动机经试运转确认正常，且制动、转向等工作机构性能完好，压路机才可进行作业。

(3)轮胎压路机需将轮胎气压调整到规定的作业压力范围，全机各个轮胎气压应一致。

(4)对松软的路基及傍山地段的初压，作业前须勘察施工现场，确认安全后压路机才可驶入作业。

(5)压路机在坡道上行驶禁止换挡，禁止脱挡滑行。

2)振动压路机

(1)压路机作业时，压路机应先起步再起振，内燃机应先置于中速，然后再调至高速。

(2)压路机变速与换向时应先停机，变速时应降低内燃机转速。

(3)严禁压路机在坚实的地面上进行振动。

(4)工作地段的纵坡不应超过压路机的最大爬坡能力。

(5)变换压路机前进、后退方向时，应待滚轮停止后进行，不得利用换向离合器作制动用。换向离合器、起振离合器和制动离合器的调整，应在主离合器脱开后进行。

(6)碾压松软路基时，应先在不振动的情况下碾压1~2遍，然后在振动碾压。

(7)上、下坡时，不得使用快速挡，下坡时不得空挡滑行；在急转弯时，包括铰接式振动压路机在小转弯绕圈碾压时，严禁使用快速挡。

(8)压路机在高速行驶时不得接合振动。

(9)停机时，应先停振然后将换向机构置于中间位置，变速器置于空挡，最后拉起手制动操纵杆，内燃机怠速运转数分钟后熄火。

3)冲击压路机

(1)出车前必须检查水位、柴油、机油。

(2)启动后,必须怠速运转几分钟,严禁大油门;查看各仪表是否正常,有无三漏(漏油、漏水、漏气);检查各支脚螺钉、紧固件有无松动。

(3)行驶前,必须待水温达到55℃,气压达到0.45MPa后,才可起步。

(4)行驶中气压必须为0.6~0.8MPa,水温不应超过100℃,油温不应超过120℃,油压不能低于0.12MPa。

(5)起步时加速踏板应由小到大,慢慢提高车速;设备在工作状态时,用手加速踏板行驶,除特殊情况外,严禁使用脚加速踏板。

(6)作业前必须确保举升油缸杆部缩到最低位置。

(7)在工作中发现异常声音,应立即停车,排除后才可工作。

(8)工作完毕后,发动机应怠速运转几分钟,熄火后,应关电源,拉紧手刹,检查机械各部位有无松动。

(9)在工作完毕后,气温在0℃以下,水箱中加注的是水时,应将水放掉。

(10)施工过程中,应经常清洗空气滤清器。

(11)应定期更换三滤,每周检查电瓶,及时检查前后桥、变速箱、刹车油,每日查看大轴是否完好,螺丝是否松动。

(12)冲击压路机现场施工时,应确保工地人身及构造物的安全;涵洞覆土厚度大于3m时可直接冲压,否则应确保距桥、涵台背2m及以上净距;冲压路基边缘时,距路基边缘净距应大于30cm;冲压施工时应做醒目的标识物。

4.3.9 挖掘机

1)工作前的准备工作

(1)开机前应检查燃料、润滑油、冷却水是否充足,不足时应立即加注;在加注燃油时严禁吸烟及接近明火,以免引起火灾。

(2)开机前应检查电线路绝缘情况和各开关触点接触是否良好。

(3)开机前应检查液压系统各管路及操作阀、工作油缸、油泵等,是否有泄漏,动作是否异常。

(4)开机前检查各仪表、传动机构、工作装置、制动机构工作是否正常,确认无误后,才可开始工作。

(5)发动机起动后,严禁人员站在铲斗内、臂杆上、履带和机棚上。

2)工作中的安全事项

(1)挖掘机工作时,应停放在坚实、平坦的地面上;轮胎式挖掘机应把支腿顶好。

(2)挖掘机工作时应当处于水平位置,并将走行机构刹住;若地面泥泞、松软和有沉陷危险时,应用枕木或木板垫妥。

(3)铲斗挖掘时每次吃土不宜过深,提斗不应过猛,以免损坏机械或造成倾覆事故;铲斗下落时,注意不要冲击履带及车架。

(4)配合挖掘机作业,进行清底、平地、修坡的人员,不得在挖掘机回转半径以内工作。

(5)挖掘机装载活动范围内,不得停留车辆和行人。

(6)挖掘机回转时,应用回转离合器配合回转机构制动器平稳转动,禁止急剧回转和紧急制动。

(7)铲斗未离开地面前,不得做回转、行走等动作;铲斗满载悬空时,不得起落臂杆和行走。

(8)拉铲作业中,当拉满铲后,不得继续铲土,防止超载;拉铲挖沟、渠、基坑等作业时,应根据深度、土质、坡度等情况与施工人员协商,确定机械离边坡的安全距离。

(9)反铲作业时,必须待臂杆停稳后再铲土,防止斗柄与臂杆沟槽两侧相互碰击。

(10)履带式挖掘机移动时,臂杆应放在走行的前进方向,铲斗距地面高度不超过 1m,并将回转机构刹住。

(11)上下坡时应慢速行驶,途中不得变速及空挡滑行。

(12)在高的工作面上挖掘散粒土壤时,应将工作面内的较大石块和其他杂物清除,以免坍塌造成事故。

(13)挖掘机不论是作业或走行时,都不得靠近架空输电线路。

(14)在地下电缆附近作业时,必须查清电缆的走向,并用明显的标识物显示在地面上,并应在 1m 以外的距离进行挖掘。

(15)挖掘机行走转弯不应过急;如弯道过大应分次转弯,每次转角在 20°之内。

(16)轮胎挖掘机由于转向,叶片泵流量与发动机转速成正比,当发动机转速较低时,转弯速度相应减慢,行驶中转弯时应特别注意;特别是下坡并急转弯时,应提前换挂低速挡,避免因使用紧急制动,造成发动机转速急剧降低,使转向速度跟不上而造成事故。

(17)挖掘机需做短距离自行转移时,一般履带式挖掘机自行距离不应大于 5km;轮胎式挖掘机可以不受限制,但均不得做长距离自行转移。

(18)夜间工作时,作业地区和驾驶室应有良好的照明。

3)工作后的安全事项

(1)挖掘机应停放在平坦、坚实、不妨碍交通的地方,挂上倒挡并实施驻车制动。必要时如坡道上停车,其行走机构的前后垫置楔块。

(2)转正机身,铲斗落地,工作装置操纵杆置于中位,锁闭窗门后驾驶员才能离开挖掘机。

4.3.10　脚手架

1)一般规定

(1)安装脚手架单位的资质应满足要求;安装脚手架人员应经专业培训。杆件直径、型钢规格及材质应满足要求。

(2)施工技术方案中须有脚手架搭设、拆除的具体方案和安全措施,经项目技术负责人审核报监理工程师批准后实施。脚手架搭设、拆除作业前须向作业人员进行施工技术交底,作业人员应持证上岗。

(3)钢管、扣件、脚手板等材料进场检查验收合格后才可使用。脚手架基础施工应严格按照批准的方案实施。搭设完成后,应组织对脚手架进行验收,满足要求后才可投入使用。

(4)作业人员须正确佩戴和使用安全防护用品。

(5)脚手架搭设与拆除过程须有专职安全员现场监管。

(6)脚手架严禁与便桥、支架、混凝土泵管相连。

(7)当有 6 级及 6 级以上大风和雾、雨、雪天时,应停止脚手架架设和拆除作业,雨、雪后上架作业应有防滑措施,并及时扫除积雪。

(8)脚手架基础应坚固平实,应按规定设置剪刀撑,底部纵横连接,脚手板铺满,无探头板。脚手架高度在 7m 以上时,架体与结构物拉结。

(9)脚手架荷载不超过规定,施工荷载应堆放均匀,有积雪、杂物及时清理。

(10)作业平台应满足承载力要求并搭设牢固,平台上应设栏杆及梯步,作业层下应设防护措施。墩台高度超过 2m 时,应张挂安全网。

2)安全防护设施

(1)脚手架应设置防护栏、上下通道,脚手架外侧设密目安全网,内侧设防坠落安全网。

(2)脚手板宜采用不小于 5cm 厚的木板,并须铺满、绑牢,无探头板。有坡度的脚手板须设置防滑木条,坡度较长时应设置过渡平台,减少坡长。

(3)脚手架应当设置锁力杆或扫地杆(扫地杆离地面不应大于 30cm)。

(4)脚手架高度在7m以上时,架体与结构物拉结。脚手架高度在10~15m时应设置缆风绳(4~6根),增高10m再加设一组,缆风绳的地锚应牢固。超过20m的脚手架,每4m应设置连墙件。

(5)脚手架搭设和拆除时,应设置安全警戒线和警示牌。

3)安全管理要点

(1)经检验合格的脚手架构配件应按品种、规格分类,堆放整齐、平稳,堆放场地不得有积水。连墙体如采用预埋方式,应提前与设计单位协商;脚手架基础下有设备基础、管沟时,在脚手架使用过程中不应开挖,否则应采取加固措施。

(2)脚手架作业层上的材料和工具应按规定堆放整齐,施工荷载应满足设计要求。积雪和杂物应及时清除。

(3)搭设在水中的脚手架,应经常检查受水冲刷情况,发现松动、变形或沉陷应及时加固。在脚手架上作业的人员应佩戴救生设备。

(4)脚手架应进行日常安全检查与维护,检查的主要内容包括杆件的设置和连接,连墙体、支撑、门洞桁架等的构造是否满足要求;地基是否积水;底座是否松动;立杆是否悬空;扣件螺栓是否松动;高度在24m以上的脚手架,其立杆的沉降与垂直偏差是否满足规范要求,安全防护措施是否满足要求、是否超载等。

(5)拆除脚手架时,周围应设置护栏或警戒标志,并应从上而下拆除,不得上下层作业。拆除的脚手杆、板应人工传递或吊机吊送,严禁随意抛掷。

(6)脚手架上坠落事故的预防、控制要点:应按规定搭设脚手架、铺平脚手板,不得有探头板;防护栏杆应绑扎牢固,挂好安全网;脚手架载荷不得超过270kg/m^2;脚手架离墙面过宽应加设安全防护;应实行脚手架搭设验收和使用检查制度,发现问题及时处理。

(7)满堂支架法施工安全管理要点如下:

①满堂支架基础和结构应满足设计要求。支架立柱必须安装在有足够承载力的地基上,立柱底端应设置垫木,用以分散和传递压力,并保证浇筑混凝土后不发生超容许的沉降量;船只或汽车通道的两边支架应架设护桩,夜间应用灯光标明行驶方向;施工中易受漂流物冲撞的支架应设置三角形导流桩。

②支架搭设、拆除人员应持有特种作业证书。

③采用架空移动支架架设预应力混凝土梁时,导梁安装应平稳坚固,滑道和支架支腿应能保证支架的稳定和移动。

④支架排距、间距、扫地杆、纵横剪刀撑设置和扣件螺栓紧固力矩应满足要求。安装后的膺架不得沉陷、变形,连接应牢固,保证安全可靠。

⑤加载的顺序和重量应满足施工方案要求,并检查加载量测数据、弹性变形量、非弹性变形量测量记录表。

⑥支架平移搭设的临时支架应坚实牢固,支架平台及人行通道上应铺满脚手板,四周应设置防护栏,贝雷梁下应挂设安全网。

⑦支架顶部应安装平台、栏杆、梯子等防护设施。

⑧施工处所应设置禁止、警告、指令标志。

4.3.11 支架

1)一般规定

(1)支架应编制专项施工方案,经项目技术负责人审核报监理工程师批准后实施。方案中须有结构计算书、设计图纸,必要时,计算书和设计图纸须经设计单位认可。支架搭设、拆除作业前须向作业人员进行施工技术交底,作业人员应持证上岗。

(2)应对钢管、扣件、脚手板等材料进行进场检查验收,合格后才可使用。

(3)支架基础施工应严格按照批准的方案实施,地基承载力须满足设计要求,并根据施工季节做好防冲刷安全措施和排水设施。

(4)支架搭设完成后，应进行检查，满足要求后按设计要求进行预压。预压后，应组织检查验收，验收合格后才可投入使用。预压过程中应设定警戒区，并做好安全警示。

(5)作业人员须正确佩戴和使用安全防护用品。

(6)支架搭设和拆除过程中，应统一指挥，并有专职安全员现场监管。

(7)支架严禁与便桥、脚手架、混凝土管泵相连，防止支架失稳。

(8)当有6级及6级以上大风和雾、雨、雪天时，应停止支架架设与拆除作业，雨、雪后上架作业应有防滑措施，并及时扫除积雪。

2)安全防护设施

(1)支架临边应设置防护栏、安全网。防护栏杆高度不小于1.2m，立杆间距不得大于1.5m，横杆间距不得大于60cm。立杆和扶杆宜采用钢管制作，并涂防锈漆、红白相间的安全色(可参考附录B附图6)。

(2)支架作业平台宜采用不小于5cm厚的木板，并须满铺、绑牢，无探头板。有坡度的平台，须设置防滑木条。

(3)支架应当设置锁力杆或扫地杆(扫地杆离地面不应大于30cm)。

(4)支架搭设、预压和拆除时，应设置安全警戒线和警示牌。

(5)门洞式通道的支架工程，应设置满足要求的防撞和门架式限高限宽设施，并设置交通引导标志、减速板、限速标志、夜间警示灯等设施。必要时，应增设24h值班岗亭(可参考附录B附图20)。

3)安全管理要点

(1)支架应严格按照专项方案进行搭设。立好立杆后，及时设置扫地杆和第一步大小横杆，扫地杆距基面20cm，支架未交圈前应设置抛撑作临时固定。须按设计要求加密剪刀撑，以便让支架尽量整体受力。

(2)支架预压应按以下方法进行：

①支架预压时，应收集支架、地基的变形数据，作为检验和调整预拱度设置的依据，预压荷载应满足设计要求。

②预压时，应严格按照批准的专项方案确定的加载程序、荷载分布和加载量进行加载。

③预压前、预压过程中和卸载后，应严格按照批准的专项方案设置的观测断面、观测点、观测频率进行观测，发现异常现象应及时处理。根据观测结果按规定调整和设置预拱度。

(3)混凝土龄期和强度满足后，才可进行支架的拆除。支架拆除过程中应进行变形观测。

(4)支架的拆除程序应遵循由上而下、后搭先拆的原则，禁止上下交叉作业。

(5)高空作业人员须配备工作包，将小工具及零配件放于其内，以免高空坠落伤人。

(6)支架与各类输电线路的距离须符合规定的安全距离，否则须采取必要的安全防护措施。搭设和拆除架体时，须注意安全，谨防杆件碰及高压线后伤人。

4.3.12　大型模板

1)一般规定

(1)爬模、翻模等大型模板工程必须编制专项施工方案，经项目技术负责人审核报监理工程师批准后实施。方案中须有结构计算书、设计图纸，必要时，计算书和设计图纸须经设计单位认可。

(2)爬模、翻模等大型模板应具有足够的刚度和强度，须经专业厂家生产，具有出厂合格证书，并按规定进行进场验收，合格后才可投入使用。

(3)模板安装、拆除作业前须向作业人员进行施工技术交底，作业时应正确佩戴和使用安全防护用品。

(4)模板安装和拆除过程中，应统一指挥，并须有专职安全员现场监管，设定警戒区，做好安全警示。

(5)模板堆放应整齐、平稳，堆放高度不宜超过2m。

(6)当有6级及以上大风和雾、雨、雪天气时,应停止模板安装与拆除作业,雨、雪后作业应设有防滑措施,并及时扫除积雪。

2)安全防护设施

(1)爬模提升时,应另设保险装置。

(2)翻模提升就位后,应安装好内外吊架、脚手架,铺好脚手板,挂设安全网。

(3)模板工程应设置用于施工的作业平台,平台临边应设置防护栏、安全网,并设置明显的安全警告标志。

(4)爬模、翻模等大型模板,每作业层面应设置不少于2组的磷酸铵盐干粉(ABC)4kg灭火器。

(5)爬模、翻模施工作业时,墩底应设置供施工人员行走的安全通道,安全通道宜采用钢管搭设支架,支架顶宜采用不小于5cm厚的木板铺设,并封盖严密。

3)安全管理要点

(1)大型模板应进行预组装,预组装工作应在组装平台或经平整处理的地面上进行,并按要求逐块检查。

(2)模板吊安前,应对模板和吊点进行检查。吊安时,应有专人指挥。模板安装就位后,须立即进行支撑和固定。支撑和固定未完成前,严禁升降或移动吊钩。

(3)安装组合钢模板,一般应按自下而上顺序进行。模板就位后,应及时安装好U形卡和L形插销,连杆安装好后,应将螺栓紧固。同时,架设支撑保证模板整体稳定。

(4)模板安装时,应边就位、边校正和插置连接件、边安设支撑件或临时支撑固定,防止模板倾覆。当采用吊机安装模板时,模板固定可靠后才可脱钩。

(5)爬模须在混凝土达到规定的强度后才可提升,提升时应有专人指挥,并应进行以下检查:

①大模板穿墙螺栓均未松动。

②每个爬模须挂2个倒链(或1个千斤顶)提升。

③保险绳须拴牢,并经检查无误。

④拆除爬架附墙螺栓前,倒链应全部调整到工作状态,然后才能拆除附墙螺栓。

(6)爬模施工过程中,液压设备应由专人操作,并应经常维护,发现问题及时处理。模板爬升时,作业人员不得站在爬升的模板或爬架上。

(7)模板提升时,其对应模板应单块提升,严禁两块大模板同时提升。起吊时,应采用吊环和安全吊钩,卸甲不得斜牵起吊,严禁操作人员随模板起落。

(8)现浇箱梁时,模板不得乱堆乱放,脚手架或工作平台上临时堆放的钢模板不宜超过3层,且不得高于1m。堆放的钢模板、部件、机具连同操作人员的总荷载,不得超过脚手架或工作平台设计控制荷载;当设计无规定时,一般不超过2 700Pa。

(9)混凝土浇筑,不得用大罐漏斗直接灌入,不得冲击模板。振捣时,不得振动支撑杆、钢筋及模板,提升模板时不得进行振捣。

(10)安装和拆除钢模板,高度在3m及以下时,可使用马凳操作,高度在3m及以上时,应搭设脚手架或工作平台,并设置防护栏和安全网。

(11)平台组装须对中调平,平台上的机具、材料应均布设放,当墩的两壁工作平台达到同一水平高度时要安装连接平台,以增强平台的稳定性,扩大作业面。

(12)定期对所有起重设备的定位器、制动装置进行测定,以防失灵发生意外,对平台的施工人员定期体检,患有高血压、心脏病、贫血、癫痫病及其他不适应高处作业疾病的,不得上操作平台。

(13)拆除作业须在白天进行,宜采用分段整体拆除,然后在地面解体,模板拆除应均衡对称,拆除的部位及操作平台上的一切物品,均不得从高处向下抛掷。

(14)施工临时照明及机电设备用的电源线应绝缘良好,不得直接架设在组合钢模板上,应用绝缘支持物使电线与组合钢模板隔开,并严格防止线路绝缘破损漏电。

4.3.13 其他

本节未提及的，但在实际工程中采用的按照现行《建筑机械使用安全技术规程》(JGJ 33—2012)等相关规范、规程的有关规定执行。

4.4 临时用电安全

4.4.1 一般规定

(1)施工现场临时用电应符合现行《施工现场临时用电安全技术规范》(JGJ 46—2005)的规定，并尽量与营运期永久用电相结合。施工前应编制临时用电方案和临时用电施工组织设计，确定电源进线、总配电箱、分配电箱的位置及线路定向，进行负荷计算，选择变压器容量和导线截面，制订安全用电技术措施和电气防火措施，经相关部门审核批准后实施。

(2)临时用电设备在5台以下和设备总容量在50kW以下时，应制订安全用电技术措施和电气防火措施。临时用电设备在5台及以上或设备总容量在50kW及以上时，须编制临时用电方案。临时用电方案须履行“编制、审核、批准”的程序，由电气工程技术人员组织编制，施工单位技术负责人审核，监理工程师审批后才可实施。

(3)临时用电方案主要内容：现场勘测、用电设备容量统计表、用电负荷计算、变压器台数及容量的选择、导线截面的选择(考虑机械强度、安全载流量、允许电压降)、低压电气元件的选择(自动空气开关、漏电保护器、磁力起动器、交流接触器及各种继电保护装置)、绘制临时供电平面和系统图、安全用电技术措施和电气防火措施。

(4)施工现场临时用电应采用TN-S接地、接零保护系统，采用三相五线制(三根火线、一根工作零线、一根保护零线)和三级配电三级保护方式(总控、分控、开关，分控、开关分设漏电保护)。用电设备实行“一机一闸一漏一箱”制，不得用一个开关直接控制两台及以上的用电设备；漏电保护器符合现行国家标准《剩余电流动作保护电器的一般要求》(GB/Z 6829—2008)的规定，并与用电设备相匹配。

(5)在施工现场专用变压器供电的TN-S接零保护系统中，电气设备的金属外壳必须与保护零线连接。保护零线应由工作接地线、配电室(总配电箱)电源侧零线或总漏电保护器电源侧零线处引出。在设有TN-S保护系统的施工现场内，应将专用保护零线重复接地，重复接地点应不少于3处，每一重复接地装置的接地电阻值应不大于10Ω。

(6)临时用电工程定期检查应按分部、分项工程进行。对安全隐患必须及时处理，并应履行复查验收手续。

(7)当施工现场与外电线路共用同一供电系统时，电气设备的接地、接零保护应与原系统保持一致。不得一部分设备做保护接零，另一部分设备做保护接地。

(8)保护零线(PE线)必须由电源进线零线重复接地处或总漏电保护器电源侧零线处，引出形成局部TN-S接零保护系统。PE线上严禁装设开关或熔断器，严禁通过工作电流，且严禁断线。

(9)做防雷接地机械上的电气设备，所连接的PE线必须同时做重复接地。同一台机械电器设备的重复接地和机械的防雷接地可共用一接地体。但接地电阻应满足重复接地电阻值的要求。

(10)每台用电设备必须有各自专用的开关箱；严禁用同一个开关箱直接控制2台及2台以上用电设备(含插座)。开关箱中漏电保护器的额定漏电动作电流不应大于30mA，额定漏电动作时间不应大于0.1s。配电箱、开关箱应装设在干燥、通风及常温场所，并保证有足够两个人同时作业的空间，其周围不得堆放任何有碍操作、维修的物品。

(11)使用于潮湿或有腐蚀介质场所的漏电保护器应采用防溅型产品，其额定漏电动作电流不应大于15mA，额定漏电动作时间不应大于0.1s。

(12)进入现场的电气设备、固定吊装设备、钢梁梁体等可能因雷击或外壳带电造成人身伤害的设备、设施均应设置导线接地。所有电气设备必须完整、无破损,性能良好。必须使用安装带有触电保护器的插座。触电保护器应定期检查,确保性能可靠。严禁使用铜丝、铁丝等金属代替保险丝。

(13)配电系统需设置室内总配电箱和室外分配电箱,实行分级配电;总配电箱应设置在靠近电源的地方,分配电箱应设在用电设备或负荷相对集中的地方。总配电箱中漏电保护器的额定漏电动作电流应大于30mA。额定漏电动作时间应大于0.1s,但其额定漏电动作电流与额定漏电动作时间的乘积不应大于30mA·s。

(14)隧道、高温、有导电灰尘、比较潮湿或灯具离地面高度低于2.5m等场所的照明,电源电压不应大于36V;潮湿和易触及带电体场所的照明,电源电压不得大于24V;特别潮湿场所、导电良好的地面、锅炉或金属容器照明,电源电压不得大于12V。

(15)变压器、配电房、配电柜、配电箱等用电设施应设置明显的"禁止攀爬、当心触电、请勿靠近"等禁止、警告标识标牌。配电箱内多路配电应有标记,配电箱应有门、有锁、有防雨措施,铁壳开关箱必须接地。所有配电箱、开关箱均编号配锁,标明负责人姓名、联系电话、使用部位,张贴安全警示标识牌,设专人负责管理。

(16)严格按照施工用电专项组织设计与施工现场平面进行布置架设和管理电力线,动力和照明线应分开架设。

(17)电工须经国家现行标准考核合格取得特种作业人员操作证才可上岗工作,并按照规定定期复审。

(18)雨季施工应增加用电设备巡视次数,做好用电设施防雨措施。下雨时关好配电箱箱门,防止进水、受潮,发生漏电事故。雨后应对所有用电设备进行绝缘测试,合格后方可使用。

4.4.2 安全防护措施

1)线路敷设

(1)临电线路敷设一般采用移动橡套电缆架空或埋地敷设,严禁沿地面明设,并应避免机械损伤和介质腐蚀。电缆埋地敷设时,电缆表面距地面不得小于0.7m。

(2)在建工程内的电缆线路应采用电缆埋地引入,严禁穿越脚手架引入。电缆垂直敷设应充分利用在建工程的竖井、孔洞,并宜靠近用电负荷中心,固定点每楼层不少于一处。电缆水平敷设宜沿墙或门口刚性固定,最大弧度距地不得小于2.0m。

(3)电缆线路必须有短路保护和过载保护,采用断路器做短路保护时,其瞬动过流的脱扣器脱扣电流整定值应小于线路末端单相短路电流。

2)变压器

(1)应根据工程临时总用电量及现场用电总容量进行变压器相关设备型号的合理选用;变压器等设备必须根据施工现场需要和安全考虑进行合理布置。

(2)变压器应设置安全防护屏障或网栅围栏,屏障宜采用砖墙,高度不低于2.5m。

(3)室内变压器的外廓与变压器室墙壁、门的净距离分别不小于0.6m和0.8m,并留出足够的检修通道。

(4)变压器台座应高于室外地面0.6m,并设置集中沟、挡油墙。

3)配电房(可参考附录B附图21)

(1)配电房应设在地势较高和干燥的地方,避免有腐蚀性气体和强烈震动以及粉尘较多的场所。

(2)配电房建设应采用砖混结构,室内须设置配电柜布线地沟,周边须设置不小于30cm×30cm的排水沟,并保持排水通畅。门窗应采用坚固的金属质材料,做到自然通风。顶部采用防火、防雨板材,设置保温层或隔热层,坡度不小于5%。配电房与变压器的水平安全距离应在3m以上。

(3)配电柜正面的操作通道宽度,单列布置或双列背对背布置不小于1.5m,双列面对面布置不小于

2m；配电柜后面的维护通道宽度，单列布置或双列面对面布置不小于0.8m，双列背对背布置不小于1.5m，个别地点有建筑物结构凸出的地方，通道宽度可减少0.2m；配电柜侧面的维护通道宽度不小于1m。

(4)配电室内的裸母线与地面垂直距离小于2.5m时，应采用遮栏隔离，遮栏下面通道的高度不小于1.9m。配电室围栏上端与其正上方带电部分的净距不小于0.075m。配电室的顶棚与地面的距离不低于3m，配电装置的上端距棚顶不小于0.5m。

(5)配电柜和控制柜应做好接地保护。配电柜应装设电源隔离开关及短路、过载、漏电保护器。电源隔离开关分断时应有明显可见分断点。

(6)配电室的建筑物和构筑物的耐火等级不低于3级，室内外各设2个磷酸铵盐干粉(ABC)4kg灭火器。室外应设置消防沙池，消防锹不少于4个。

4)低压配电装置

(1)配电系统中的配电柜或总配电箱、分配电箱、开关箱等应安装空气开关，总配电箱和开关箱还须安装漏电保护器。

(2)配电箱、开关箱应采用镀塑铁板制作，铁板厚度应大于1.5mm。

(3)配电箱、开关箱的金属箱体、金属电器安装板以及电器正常不带电的金属底座、外壳等须通过PE线端子板与PE线连接，金属箱门与金属箱体须采用不小于2.5mm^{2}的多股软铜线做电气连接。

(4)配电箱、开关箱的进出线口应设在箱体的下底面，并配置固定线卡，进出线须加绝缘护套，成束做好防水弯卡固定在箱体上，且不得与箱体直接接触。

(5)总配电箱应设在靠近电源的区域，分配电箱应设在用电设备或负荷相对集中的区域，分配电箱与开关箱的距离不得超过30m，开关箱与其控制的固定式用电设备的水平距离不宜超过3m。

(6)配电箱、开关箱应装设端正、牢固。固定式配电箱、开关箱的中心点与地面的垂直距离应为1.4~1.6m。移动式配电箱应装设在坚固、稳定的支架上，其中心点与地面垂直距离应为0.8~1.6m。

5)发电机房

(1)发电机房宜采用砖混砌筑或阻燃板材搭建，做到防尘、防雨，大门应向外开启，排烟管道须伸出室外。发电机房须配置至少2个磷酸铵盐干粉(ABC)4kg灭火器，室外应设置消防沙池，消防锹不少于4个。

(2)发电机应采用电源中性点直接接地的三相四线供电系统和独立设置TN-S接零保护系统，接地应满足固定式电气设备接地的要求。

6)低压配电线路

(1)架空线路。

①架空线须采用绝缘导线或电缆线，并应架设在专用电杆上，线杆宜采用混凝土杆或木杆，其长度不小于8m。电杆埋设不得有倾斜、下沉及杆基积水现象，埋设深度为杆长的1/10+0.6m，装设变压器的电线杆的埋深不小于2m。

②架空线路须固定在针式绝缘子或蝶式绝缘子上，电线与横担的距离不少于5cm。架空线路绑线材质与导线相同，直径不小于2mm，绑扎长度不小于150mm。

③拉线宜用截面不小于25mm^{2}的钢绞线，拉线与电杆的夹角应为30°~45°，拉线埋设深度不得小于1m，拉线从导线之间穿过时，应装设拉线绝缘子。因受地形环境限制不能装设拉线时，可采用撑杆代替拉线，撑杆埋深不得小于0.8m，其底部应垫底盘或石块，撑杆与主杆的夹角为30°。

④架空线导线截面的选择应满足下列要求：导线中的负荷电流不大于其允许载流量；线路末端电压偏移不大于额定电压的5%；单相线路的零线截面与相线截面相同，为满足机械强度要求，绝缘铝线截面不小于16mm^2，绝缘铜钱截面不小于10mm^2；跨越铁路、公路、河流、电力线路档距内的架空绝缘铝线最小截面不小于35mm^2，绝缘铜钱截面不小于16mm^2。

⑤在一个档距内，每一层架空线的接头数不得超过该层导线数的50%，且一根导线只允许有一个接头。线路在跨越铁路、公路、河流时，电力线路档距不得有接头。导线接头采用压接或焊接，接头长度为

导线直径的 7~15 倍。线路安装时,先安装用电设备侧,再安装在电源侧;拆除时反之。

⑥架空线路的档距不得大于 35m,线间距不得小于 0.3m。

(2)电缆线路。

①电缆线路应采用埋地或架空敷设,严禁沿地面明设,并应避免机械损伤和介质腐蚀,埋地电缆线路径应设方位标志。

②电缆直接埋地敷设的深度不应小于 0.7m,在电缆周边均匀敷设不少于 50mm 厚的细砂,并覆盖砖或混凝土板等硬质保护层,保护层应超过电缆两侧各 50mm。埋地电缆在穿越建筑物、构筑物、道路、易受机械损伤、介质腐蚀场所及引出地面从 2.0m 高到地下 0.2m 处,须加设防护套管,防护套管内径不应小于电缆外径的 1.5 倍。在拐弯、接头、终端和进出建筑物等地段,应装设明显的方位标志,直线段上适当增设标桩,标桩需露出地面 15cm 以上。

③架空电缆应沿电杆、支架或墙壁敷设,并采用绝缘卡固定,绑扎线须采用绝缘线,固定点间距应保证电缆能承受自重带来的荷载。橡皮电缆的最大弧垂距地面不得小于 2.5m。

(3)室内配线。

①进户线的室外端应采用绝缘子固定,过墙应穿管保护,距地面不得小于 2.5m,并应采取防雨措施。

②室内须采用绝缘铜导线、塑料夹等敷设,距地面的高度不得小于 2.5m,应尽量减少接头,管内、槽板内不得有接头,接头应放在接线或分线盒内,线路交叉或与管道交叉时,每根导线应穿绝缘管进行防护。

③室内配线所用导线截面,应根据用电设备的计算负荷确定,但铜线截面应不小于 $1.5mm^2$。

④室外灯具距地面不小于 3m,室内灯具不小于 2.4m,插座接线时应满足规范要求。

⑤各种用电设备、灯具的相线经开关控制,不得将相线直接引入灯具。严禁在床头设开关。

7)防雷设施

(1)施工现场内的起重机、大型拌和机、龙门架等机械设备,以及钢制脚手架和正在施工的在建工程等金属结构,当安置在空旷地带时,应按规定安装防雷装置。电力变压器的高压侧须安装高压避雷器,低压侧应安装 380V/220V 低压避雷器。

(2)机械设备或设施的防雷引下线宜采用圆钢或扁钢,亦可利用该设备或设施的金属结构体,但应保证电气连接。

(3)机械设备上的避雷针长度为 1~2m,自制避雷针宜采用不小于 16mm 圆钢或不小于 25mm 焊接钢管制成。

(4)人工垂直接地体宜采用角钢、扁钢、钢管或圆钢,埋于土壤中的人工水平接地体宜采用角钢或圆钢,圆钢直径应不小于 10mm,扁钢截面应不小于 $100mm^2$,其厚度应不小于 4mm,角钢厚度应不小于 4mm,钢管壁厚应不小于 3.5mm,接地线应与水平接地体的截面相同。人工垂直接地体的长度应不小于 2.5m,在土壤的埋设深度应不小于 0.5m。

8)接地装置

(1)保护零线的截面应不小于工作零线的截面,与电气设备相连接的保护零线应为截面不小于 $2.5mm^2$的绝缘多股铜线。

(2)水平接地体宜采用圆钢、扁钢,垂直接地体宜采用角钢、钢管或圆钢,不宜采用螺纹钢材;一般优先采用水平的接地体。

9)手持电动工具的使用

(1)必须选购经认证合格并带有认证标志,同时应有生产厂家的产品说明书和合格证。

(2)由于建筑施工现场绝大部分场所均处于危险场所或高度危险场所,应优先选用符合使用要求的Ⅱ类或Ⅲ类手持电动工具,禁止使用Ⅰ类手持电动工具。

(3)手持电动工具,在使用前必须经检查和试运转,工具外观完好无损,运转正常后方可投入使用。手持电动工具的橡套软电缆不得承受任何外力。按现行《建筑施工安全检查标准》(JGJ 59—2011)要求,手持电动工具的出厂所带插头和电缆不得随意更换或加长，且电缆中间不得有接头。

（4）在一般场所，为保证使用的安全，应选用Ⅱ类手持电动工具，并应装设额定漏电动作电流不大于15mA，额定漏电动作时间小于0.1s的漏电保护器。

（5）在露天、潮湿、高温场所或在金属构架上使用时，必须选用Ⅱ类手持电动工具，并应装设防溅型漏电保护器，其额定漏电动作电流不大于15mA，额定漏电动作时间小于0.1s。Ⅱ类手持电动工具应做保护接零或保护接地。

（6）在特别潮湿、狭窄场所，宜选用带隔离变压器的Ⅲ类手持电动工具；如选用Ⅱ类手持电动工具，则必须装设漏电动作电流小于15mA，额定漏电动作时间小于0.1s的防溅型漏电保护器。同时应将隔离变压器或漏电保护器装设在特别潮湿或狭窄场所以外，在工作时间应派专人监护。

（7）在露天操作时，如遇下雨应停止工作。

10）中小型电动机械

（1）施工现场各种中小型电动机械，大体可分为固定使用和移动使用二类。在安全用电方面，必须设有合格的漏电保护装置和采用保护接零（地）的安全技术措施。

（2）中小型电动机械上，宜配有随机开关箱或开关，随机专用开关箱内应设有隔离开关、熔断器、漏电保护器、负荷开关（如交流接触器、自动空气熔断器等）、热继电器等。

（3）中小型电动机械出厂时配有的随机开关箱，箱内的低压电器如有损坏，应换上相同型号规格的低压电器，各机械设备上的电气保护装置必须齐全、完好，牢固可靠，严禁拆除，如机械设备上的各种限位开关。各种机械设备的操作控制方式严禁自行改动。机械设备上敷设的穿线护管应完好无缺，两头接口严密牢固。

（4）中小型机械设备如无随机开关箱，则应就近设置专用开关箱，专用开关箱和机械设备之间的距离应小于3m，专用开关箱内所装低压电器的要求与随机专用开关箱内低压电器的要求相同。

（5）不大于5.5kW的三相异步电动机，可以采用手动开关电器直接控制。选用手动开关电器时，则应优先使用铁壳开关。手动开关电器直接控制不频繁起动的三相异步电机时，其额定电流必须大于三相异步电动机额定电流的3倍。

（6）大于5.5kW的三相异步电机，应采用自动电器或降压起动装置来控制。如采用交流接触器时，必须采用按钮控制，不得使用拉线开关或其他的类似方式控制，以免发生停送电后设备自启动事故。

（7）对于某些运转方向有要求的机械设备（如木工加工机械、砂浆机、混凝土搅拌机、打夯机等），不得采用双向开关（如倒顺开关等）。

（8）对于在使用中有振动的机械设备（如打夯机、软管振动机、平板振动机等），其保护接零（地）线与设备的连接点不得少于2处。

（9）打夯机上应装设铁壳开关，严禁使用胶盒瓷底闸刀开关。其手柄必须采取绝缘措施，使用时应戴绝缘手套，并且需两人操作。

（10）移动机械设备的随机电缆，其长度应不大于30m，中间不应有接头，应选用耐气候的橡套软电缆。

（11）潜水泵必须采用防水橡皮护套电缆作负荷线，长度应不小于5m，不得承受任何外力，电缆不得有任何破损和接头。潜水泵应在水中垂直使用，不得脱水运行，严禁带电搬迁。

（12）交流电焊机一次侧电源线长度应不大于5m，二次侧电缆长度应不大于30m，一、二次侧接线处，防护罩必须牢固、完好。按现行《建筑施工安全检查标准》（JGJ 59—2011）规定的二次侧应装防触电装置，如二次空载自动断电保护装置等。

（13）二次侧焊接接地线应尽量连接在焊接件上或相近的金属构件上，严禁利用输送不明物体的金属管道、转动设备、传动机构、钢丝绳等金属物件作交流电焊机二次侧接地线。

（14）焊工应戴绝缘手套操作，焊钳绝缘部分应良好完整，与其连接电缆绝缘良好、紧固，导电线芯不外露，下雨天不得露天焊接作业；在危险或高度危险场合操作时，应在工作平台附近地面上铺设绝缘橡胶垫，同时避免潮湿衣服与周围焊件等物件相碰。

4.4.3　临时用电检查制度

(1)应对施工现场临时用电进行经常性地检查。

(2)用电检查分电气专业技术人员检查、定期测试和电工巡回检查等,对每一项检查都应规定检查责任人、检查时间、检查项目,并记录,如遇问题必须进行整改,对整改也必须作出规定,必须定时间、定责任人、定措施。电气专业技术人员的定期检查一般应每周 1 次,从配电室到分配电箱、开关箱、用电设备进行全面检查;定期测试一般由电工完成,包括对接地电阻的测试、绝缘电阻的测试、漏电保护器的测试;电工巡回检查的目的是监视设备运行情况和及时发现缺陷及用电人员的不安全行为,每班都必须巡视,在雷雨天必须增加巡检次数。

(3)为了确保线路的正常运行,必须作出明确的规定:施工现场的每一个开关箱必须责任到人,对开关箱的使用,开、关顺序,维护等应作出规定。从开关箱到用电设备的这段线路应由专人机械操作工负责维护。现场更改临时用电设施必须作出明确规定,严禁非电工人员自行接设等。

(4)对于电气线路的检修必须作明确规定,检修时必须 2 人在场, 1 人检修,1 人实行监护,检修时必须挂牌或设置遮拦。停电检修、部分停电检修、带电检修均应遵守相应的作业要求,如带电部分只允许位于检修人员的侧边,断线时必须先断相线,后断零线,接线时必须先接零线,后接相线等。监护人的具体要求、工作职责也应作明文规定,如监护人必须始终在工作现场,对工作人员的安全认真监护,及时纠正违反安全的操作,同时防止他人合闸送电。

4.4.4　安全管理要点

1)发电机房

(1)发电机房内不得堆放杂物,严禁存放储油桶,并采取漏油收集措施。

(2)发电机组电源必须与外电线路电源连锁,严禁并列运行。还应设短路保护、过负荷保护及低压保护装置。

(3)发电机组并列运行时,必须装设同期装置,并在机组同步运行后再向负载供电。

2)低压配电系统

(1)配电箱、开关箱应防雨、防尘,各种电气箱内不得放置任何杂物,并应保持清洁。

(2)配电箱、开关箱周围应有至少足够 2 人同时工作的空间和通道,不得堆放妨碍操作、维修的物品,不得有灌木和杂草。

(3)配电箱、开关箱中的熔断器的熔体应经常更换,规格满足安全使用要求,禁止用非标准的不合格的熔体代替。

(4)配电箱、开关箱的进出线应避免受外力,并应严格防止与金属利刃和强腐蚀介质接触。

3)低压配电线路

(1)架空线路。

架空线路与邻近线路或设施的距离应符合表 4-2 的规定。

架空线路与邻近线路或设施的距离　　表 4-2

<table>
<tr><td>项　目</td><td colspan="8">邻近线路或设施类别</td></tr>
<tr><td rowspan="2">最小净空距离</td><td colspan="3">过引线、接下线与邻线</td><td colspan="3">架空线与拉线电杆外缘</td><td colspan="2">树梢摆动最大时</td></tr>
<tr><td colspan="3">0.13m</td><td colspan="3">0.05m</td><td colspan="2">0.5m</td></tr>
<tr><td rowspan="4">最小垂直距离</td><td rowspan="3">同杆架设下方的广播、通信线路</td><td colspan="3">最大弧垂与地面</td><td rowspan="3">最大弧垂与建设工程顶端</td><td colspan="2" rowspan="2">与邻近线路交叉</td></tr>
<tr><td rowspan="2">施工现场</td><td rowspan="2">机动车道</td><td rowspan="2">铁路轨道</td></tr>
<tr><td>1kV 以下</td><td>1～10kV</td></tr>
<tr><td>1.0m</td><td>4.0m</td><td>6.0m</td><td>7.5m</td><td>2.5m</td><td>1.2m</td><td>2.5m</td></tr>
</table>

续上表

项　目	邻近线路或设施类别		
最小水平距离	电杆至路基边缘	电杆至铁路轨道边缘	边线与建筑物凸出部分
	1.0m	杆高+3.0m	1.0m

(2)电缆线路。

三相四线制配电电缆线路须采用五芯线缆,五芯线缆中包含淡蓝、绿/黄两种颜色绝缘芯线,淡蓝色芯线须用作 N 线,绿/黄双色芯线须用作 PE 线,严禁混用。

4)低压电器设备

(1)同一级配电箱内,动力和照明线路分路设置,照明线路应接在动力开关上侧。

(2)漏电保护器额定动作电流应不大于 30mA,额定漏电动作时间应小于 0.1s;用于潮湿环境和腐蚀介质场所的漏电保护器其额定漏电动作电流应不大于 15mA,额定漏电动作时间应小于 0.1s。

5)防雷

(1)采用 TN-S 系统,在每个分配电箱处打入接地装置,对 PE 线作重复接地。接地体宜采用角钢、钢管或圆钢。接地体的长度不应小于 2.5m,其埋设的深度在 0.6m 以上,两根接地体应间距 5m。接地线应采用多股铜线,截面不小于保护零线的截面。接地电阻小于 4Ω。

(2)对施工现场的拌和站,应进行防雷接地。

(3)防雷接地装置安装结束后,应对其进行接地电阻摇测,防雷接地电阻不大于 10Ω,并做好记录。实测不满足要求时补做人工接地极。

(4)同一台机械电气设备的重复接地和机械的防雷接地可共用同一接地体,但接地电阻应满足重复接地电阻值的要求。

(5)避雷设施须经当地专业主管部门检测合格后才可投入使用。

6)接地

(1)保护零线应单独敷设,并不得装设开关或熔断器。

(2)配电箱金属箱体,施工机械、照明器具,电器装置的金属外壳及支架等不带电的外露导电部分应做保护接零,与保护零线的连接应采用铜鼻子连接。

(3)发电机供电的用电设施,其金属外壳或底座应与发电机电源的接地装置有可靠的电气连接。

(4)TN-S 系统中的保护零线除须在配电室或总配电箱处做重复接地外,还须在配电系统的中间和末端做重复接地,每一接地装置的接地线应采用 2 级以上导体,在不同的点与接地体做电器连接,每一处重复接地装置的接地电阻值应不大于 10Ω。电力变压器或发电机的工作接地电阻值不得大于 4Ω。

(5)保护零线的统一标志为绿/黄双色钱。在任何情况下严禁使用绿/黄双色线作负荷线。

(6)重复接地线与接地装置的连接应采用焊接或压接,搭接长度不小于扁钢宽度的 2 倍或圆钢直径的 6 倍。垂直接地装置应深埋地下 2.5m。

(7)同一供电系统内不得同时采用接零保护和接地保护两种方式。

7)其他

(1)电气设备使用前,必须由电工进行安装试运行,正常后,电工应向操作人员进行必要的安全技术交底。使用中电器发生故障,应及时由电工进行检修。

(2)同类机械或设备宜固定操作人员,不应经常更换,以保证高效率和操作安全。

(3)工作结束或停工 1h 以上,应将开关箱断电上锁,保护好用电设施等。

(4)坚持定期对电工进行安全教育。

(5)在建工程不得在外电架空线路正下方施工,搭设作业棚,建造生活设施或堆放构件、架具、材料及其他杂物。

(6)汽车起重机的任何部位或被吊物边缘与 10kV 以下的架空线路边线最小水平距离不得小于 2m。

严禁越过无防护设施的外电架空线路作业。

(7)现场开挖沟槽的边缘与埋地外电缆沟槽边缘之间的距离不得小于0.5m。

(8)安全距离。

在建工程(含脚手架)的周边与外电架空线路的边线之间最小的安全操作距离应符合表4-3的规定。

在建工程(含脚手架)的周边与外电架空线路的边线之间最小的安全操作距离 表4-3

外电线路电压等级(kV)	<1	1~10	35~110	220	330~500
最小安全操作距离(m)	4.0	6.0	8.0	10.0	15.0

注:上、下脚手架的斜道不宜设在外电线路的一侧。

施工现场的机动车道与外电架空线路交叉时,架空线路的最低点与路面的最小垂直距离应符合表4-4的规定。

施工现场的机动车道与外电架空线路交叉架空线路的最低点与路面的最小垂直距离 表4-4

外电线路电压等级(kV)	<1	1~10	35
最小安全操作距离(m)	6.0	7.0	7.0

起重机严禁越过无防护设施的外电架空线路作业。在外电架空线路附近吊装时,起重机的任何部位或被吊物边缘在最大偏斜时与架空线路边线的最小安全距离应符合表4-5规定。

起重机与架空线路边线的最下安全距离 表4-5

电压(kV) / 安全距离(m)	<1	10	35	110	220	330	500
沿垂直方向	1.5	3.0	4.0	5.0	6.0	7.0	8.5
沿水平方向	1.5	2.0	3.5	4.0	6.0	7.0	8.5

(9)当达不到以上安全距离的要求时,须采取绝缘隔离防护措施,并悬挂醒目的警告标志。架设防护设施时,必须经有关部门批准,采用线路暂时停电或其他可靠的安全技术措施,并应有电气工程技术人员和专职安全人员监护。防护设施与外电线路之间的安全距离不应小于表4-6所列数值。

防护设施与外电线路之间的最小安全距离 表4-6

外电线路电压等级(kV)	≤10	35	110	220	330	500
最小安全距离(m)	1.7	2.0	2.5	4.0	5.0	6.0

(10)电气设备现场周围不得存放易燃易爆物、污源和腐蚀介质,否则应予清除或做防护处置,其防护等级必须与环境条件相适应。电气设备设置场所应能避免物体打击和机械损伤,否则应做防护处置。

(11)施工单位须对现场的用电设备、供电设施、线路等进行经常性巡视、检查,发现问题的须立即整改。

(12)日常维护检查须由取得相应资格的专职电工进行操作,并做好巡视、维修记录,严禁无证上岗。

(13)定期对用电设备、供电线路、闸箱的接线、绝缘等进行检测,不能满足安全使用要求的立即停止使用并及时进行维修或更换。配电柜或配电线路停电维修时,应挂接地线,并悬挂"禁止合闸、有人工作"停电标志标牌,停送电须由专人负责。

(14)定期对供电系统接地电阻进行检测,并做好记录。

(15)大风、雨雪过后,应对整个施工现场的供电系统及用电设备进行检查,确保无安全隐患后再投入使用。

(16)施工现场临时用电须建立安全技术档案,包括以下内容:

①临时用电方案的全部资料及修改用电方案的资料。

②临时用电工程安装完毕后的调试验收记录。

③项目部定期检(复)查记录。

④接地电阻、绝缘电阻和漏电保护器漏电动作参数测定记录表。

⑤用电技术交底记录。

⑥电工安装、巡检、维修、拆除工作记录。

4.5　防火、防风、防雷安全管理

4.5.1　防火

1)制度保障

(1)各单位必须实行逐级防火责任制,将消防工作纳入施工组织设计和施工管理中,使防火与生产密切结合,有效保证防火措施的落实。

(2)施工、监理建立消防组织机构,确定各单位相关责任人,并建立必要的会议、汇报、培训、检查、宣传、24h 值班等制度,在消防负责人的领导下,开展防火与灭火工作,不断提高全员的防火意识。

(3)施工单位制订防火应急预案,定期组织人员进行防火演练,演练完成后及时进行演练总结。

(4)新进场员工必须经过防火教育后,才能上岗工作。

2)驻地与场站防火

(1)职工居住房屋必须采用防火阻燃材料,并在生活区、办公区、施工现场配备足够的灭火器、消防沙、消防铲、报警器等消防设施,并制订相应的防火制度,由专人进行维护管理。

(2)职工宿舍严禁使用电热毯、电炉、小太阳、热得快等取暖电器,严禁私自接搭线路。

(3)具体消防防火措施和要点,详见驻地与场站安全有关规定。

3)作业现场防火

(1)施工现场应当划分出用火作业区、易燃可燃材料场、仓库区、易燃废品临时集中站和生活区等区域,针对不同情况进行有效隔离。

(2)施工现场应有明显的防火标志,消防设施、工具、器材设置符合国家规定,消防通道畅通。施工现场严禁吸烟、使用明火。

(3)加强易燃、易爆和化学物品的储存及管理,凡使用易燃、易爆化学危险品的作业,必须制订防火安全措施和灭火方案,进行有针对性的防火安全技术交底。

(4)易燃、易爆和化学物品作业,禁止与电、气焊等明火作业上下、周围交叉作业。

(5)电、气焊工必须持证上岗。在工人电气焊作业时,应采取有效的防风防火隔离措施。

(6)施工现场设 24h 专人值守,发现的火险问题,及时启动应急预案,立即组织人员进行灭火,并及时向上级领导进行汇报。

(7)定期及不定期地开展隐患排查。

(8)其他具体施工现场消防防火措施和要点详见现场作业安全中有关规定。

4.5.2　防风

1)一般规定

(1)在多风地区,应制订防风安全技术措施。施工单位应与当地气象部门签订气象信息协议,应超前 1~2d 加强气象监测预报,及时掌握大风天气等异常气象情况,做好施工安全防护和临时挡护工程,严格执行施工规程要求,确保施工安全。

(2)编制应急预案,对防止大风袭击采取的措施进行规定,并组织全员进行培训,一旦大风袭击,立即启动应急预案。

(3)遇 6 级(含 6 级)以上大风时,禁止起重吊装作业、高空作业、脚手架作业、模板支护作业、汽车泵浇筑混凝土作业、运架梁作业、明火作业、防腐保温作业、高危作业,其他施工作业必须采取可靠防风措施才可进行。

(4)遇8级(含8级)以上大风,停止所有施工作业,所有人员进入安全避风场所,所有机械设备、车辆撤离现场,停止运行,集中停放在避风区并采取可靠固定措施;所有用于施工的材料、小型设备、工器具和易被大风吹走的物品,必须采取可靠固定措施。

2)防风措施

(1)强风地区项目部、各工区和作业队应配备好防强风材料、设备、工具、食品、照明器材。员工住宿板房应采取必要的加固措施。大风到来之前到大风停止之后这段时间,项目部、各作业队应安排专人值班,记录并随时掌握大风动向,进行大风发展趋势跟踪并及时向项目部领导汇报情况。

(2)现场办公及生活设施做到牢固、可靠,屋面与支撑体系应固定牢靠,彩钢板房迎风面的包边包角应紧密、牢固,安全小组应经常检查并及时对危险房屋进行预先加固。

(3)起重设备在投入使用前进行全面检查,保证设备性能良好、运转正常,当有6级以上大风时,禁止露天高空施工作业和起重施工作业,停止作业及非作业期间把起重设备的起重臂锁定,防止随风转动。

(4)8级(含8级)以上大风,场站中的大型设备,如车辆、挖掘机、压路机、吊车、装载机等应集中停放在避风处,车辆车头应该面对迎风面停放,防止车辆的侧翻。车辆停车熄火后严禁再行移动。项目部及机组车辆严禁上路行驶。

(5)施工现场注意防火,配备足够数量的灭火器。施工时,当遇6级及以上大风,必须取消沥青加热,工艺焊接,火焰切割等明火作业,现场严禁点火取暖等,避免发生火灾。

(6)检查电气设备的防风设施是否完备,用电设备的绝缘、接地是否良好,电气设备是否安全牢固。

(7)模板安装和拆除应避免在强风天气下施工。加工和预制好的模板、彩钢板材料堆放应在避风区集中放置,并配以压重、捆绑和牵引,防止移动。

(8)对防风缆绳进行检查验收,确保现场钢丝绳无断丝,检查地钩是否牢固。检查高处安装的各个部件,是否安装牢固,螺丝等无松动现象。发现隐患立即制订整改措施,定人定时整改,专人复查。

(9)在高处作业完成后,需将所有零件、工具、废弃物一并清理干净,避免因大风吹落造成的伤人、伤物事故。

(10)确认大风过后,安全负责人组织人员对被大风破坏的设施设备、用电线路等进行维护、维修和加固,将人员、机械设备归回原位,及时恢复正常施工生产。

4.5.3 防雷

1)一般规定

(1)建设单位应根据可行性论证报告中有关雷电灾害风险评估内容,明确告知施工单位防御和减轻雷电灾害的建议、措施和雷电灾害风险评估结论。施工单位根据建设单位提供的信息,在施工组织设计中应明确防雷安全技术措施和应急措施,并在施工中严格执行。

(2)施工单位应与当地气象部门保持联系,及时掌握雷雨、雷暴天气的信息。编制应急预案,对防雷电袭击采取的措施进行规定,并组织全员进行培训,一旦遭遇雷电袭击,立即启动应急预案。

(3)施工场地的防雷设施应由具有相应资质的防雷工程专业设计、施工的单位完成;所采用的防雷装置必须满足国务院气象主管机构规定的使用要求。施工单位将防雷装置设计方案和相关材料报送当地气象主管机构审核,审核通过后才能施工。施工单位不得擅自取消或者变更设计方案,确需变更原设计方案的,按原程序重新报送审核。

2)防雷措施

(1)雷暴时,所有人员尽量少在室外逗留,确需巡检时,应穿好塑料等不浸水的雨衣,严禁登高作业,并应尽量离开小山、小丘、隆起的小道、河边、池旁、铁丝网、金属晒衣绳、铁质旗杆、烟囱、塔、孤独树木等,还应尽量离开没有防雷保护的小建筑物或其他设施。

(2)施工现场内的起重机、井字架、龙门架、拌和设备以及在相邻建筑物、构筑物、设备的防雷装置保护范围以外的作业场所,都应安装防雷装置。

(3)配电室的进线或出线处应将绝缘子铁脚与配电室的接地装置相连接。施工现场内所有防雷装置的冲击接地电阻值不得大于5Ω。

(4)安装避雷针(接闪器)的机械设备,所有固定的动力、控制、照明、信号及通信线路,宜采用钢管敷设。钢管与该机械设备的金属结构体应做电气连接。

(5)塔式起重机、拌和设备、室外临时脚手架、滑升模板等需要设置避雷装置;避雷装置的井字架等除应做好保护接零外,必须重复接地。

(6)禁止雷雨天气进行露天高空作业。

4.6　高空作业

4.6.1　一般规定

(1)施工组织设计中应明确高空作业的安全技术措施,必要时施工单位应编制高空作业专项施工方案,报监理或建设单位审查批准,并在施工中严格执行。施工前,工程负责人和安全员逐级向有关人员做好安全技术交底。

(2)高空作业前,项目部应组织有关部门对安全防护设施进行验收,经验收合格后方可作业。需要临时拆除或变动安全设施的,应经审查批准后方可实施。安全设施使用完毕需拆除时,设警戒区,派专人监护。拆除时先上后下,禁止上下同时拆除。

(3)制订安全生产责任制、安全检查制度,高空作业前逐级进行安全技术交底及安全知识教育。

(4)从事高空作业的人员必须持证上岗,并认真遵守安全施工规定,衣着应灵活,禁止穿硬底和带钉易滑的鞋。

(5)从事高空作业人员应每年进行一次体检,患有心脏病、高血压、精神病、癫痫病者不得从事高空作业。

(6)发现安全设施有缺陷或隐患时,应及时报告处理,对危及人身安全的,必须停止施工,消险后再进行高空作业。

4.6.2　安全管理要点

(1)高空作业应设防护栏杆,安全网和防护门,防护设施须经安全监理工程师审核验收,通过后才能投入使用;操作人员必须系安全带。

(2)高空作业物料应堆放平稳,不可放置在临边和洞口附近。凡有坠落可能的,应及时撤出或固定以防跌落伤人。对作业中的走道、通道板和登高用具等,都应随时清除干净。拆卸下的物体和废料等都应及时运走,不得任意向下丢弃。

(3)任何人不允许移动和擅自拆除安全标志,确实因工作需要须经相关负责人批准后移动和拆除,之后重新安装好。

(4)攀登和悬空作业等危险性较大的工程施工人员应通过有关部门培训考核,取得合格证后持证上岗。

(5)遇有6级以上大风及恶劣天气时应停止高空作业。

(6)高空作业人员不得随手抛落物品,以防伤人。

(7)洞口坠落事故的预防、控制要点:预防留口、通道口、楼梯口、电梯口、上料平台口等都必须设有牢固、有效的安全防护设施(盖板、围栏、安全网);洞口防护设施如有损坏必须及时修缮;洞口防护设施严禁擅自移位、拆除;在洞口旁操作应小心,不应背朝洞口作业;不应在洞口旁休息、打闹或跨越洞口及从洞口盖板上行走;同时,洞口还必须挂设醒目的警示标志等。

(8)悬空高处作业坠落事故的预防、控制要点:加强施工计划和各施工单位、各工种配合,尽量利用脚手架等安全设施,避免或减少悬空高处作业;操作人员应加倍小心避免用力过猛,身体失稳;悬空高处作业人员必须穿软底防滑鞋,同时应正确使用安全带;身体有病或疲劳过度、精神不振等不宜从事悬空高处作业。

(9)屋面檐口坠落事故的预防、控制要点:在屋面上作业人员应穿软底防滑鞋;屋面坡度大于25°,应采取防滑措施;在屋面作业不能背向檐口移动;使用外脚步手架工程施工,外排立杆应高出檐口1.2m,并挂好安全网,檐口外架应铺满脚手板;没有使用外脚手架工程施工,应在屋檐下方设安全网。

5　隐患排查治理与事故控制

5.1　隐患排查依据

隐患排查前应制订排查方案,明确排查的目的、范围,选择合适的排查方法。排查方案依据主要包括有关安全生产法律、法规要求,设计规范、管理标准、技术标准,项目部的安全生产目标等。

5.2　隐患排查的范围与方法

5.2.1　隐患排查范围

隐患排查的范围应包括所有与施工生产相关的场所、环境、人员、设备设施和活动,排查内容包括硬件、软件两个方面的隐患,即全面排查治理项目部及其工艺系统、基础设施、技术装备、作业环境、防控手段等方面存在的隐患,以及安全生产体制机制、制度建设、安全管理组织体系、责任落实、劳动纪律、现场管理、事故查处等方面存在的薄弱环节。具体包括:

(1)安全生产法律法规、规章制度、规程标准的贯彻执行情况。

(2)安全生产责任制建立及落实情况。

(3)安全生产费用提取使用等经济政策的执行情况。

(4)安全生产重要设施、装备和关键设备、装置的完好状况及日常管理维护、保养情况,劳动保护用品的配备和使用情况。

(5)危险性较大的特种设备和危险物品的存储容器、运输工具的完好状况及检测检验情况。

(6)对存在较大危险因素的作业场所及重点环节、部位重大危险源普查建档、风险辨识、监控预警制度的建设及措施落实情况。

(7)事故报告、处理及有关责任人的责任追究情况。

(8)安全基础工作及教育培训情况,特别是项目主要负责人、安全管理人员和特种作业人员的持证上岗情况和生产一线员工(包括农民工)的教育培训情况,以及劳动用工组织、用工等情况。

(9)应急预案制订、演练和应急救援物资、设备配备及维护情况。

(10)对项目周边或作业过程中存在的易由自然灾害引发事故灾难的危险点排查、防范、和治理情况等。

施工单位应从路基、路面、桥梁、隧道等几个方面对上述内容进行具体细化,应做到全面、细致,不留盲区。

5.2.2　隐患排查方法

根据安全生产的需要和特点,采用综合检查、专业检查、季节性检查、节假日检查、日常检查等方式进行隐患排查。各相关单位、部门按各自岗位职责、任务分工逐层落实。

1)综合性安全检查

综合性安全检查是指对影响安全生产的各方面因素进行的全面检查。

2)专业性安全检查

(1)根据当前安全生产普遍存在的薄弱环节、上级主管部门的要求,每月组织1~2次专业性安全检查。

(2)专业性安全检查是针对施工机械、临时用电、脚手架、安全防护设施、大型机械设备、消防安全等专业安全问题进行检查。

3)季节性安全检查

(1)根据季节的特点,在每年的冬季、夏季或雨季开展专门的安全检查。

(2)冬季安全检查,主要检查防火、防寒、防冻、防中毒、防滑;夏季、雨季安全检查,主要检查防汛、防暑、防风、防触电、防坍塌、防雷击。

4)节假日安全检查

(1)根据节假日前后相关管理人员和作业人员易产生安全意识不强、思想麻痹等问题的特点,在每年的"劳动节""端午节""国庆节""中秋节""元旦""春节"等期间开展专门的有针对性的安全检查;国家重大活动期间也应检查。

(2)节假日安全检查,主要检查是否有"三违"现象,有无重大事故隐患,并宣传安全生产法规、方针、政策等。

5)日常性安全检查

(1)日常性安全检查包括安全管理人员在施工现场进行的巡查,各级管理人员在现场检查生产、进度、质量、技术时,同时进行的安全巡查,班组长和班组兼职安全员进行的班前、班中与班后安全检查。

(2)安全管理员日常安全检查主要依靠检查人员所掌握的安全知识、经验,及时发现并制止"三违"现象,及时发现施工现场、各作业点存在的事故隐患、险情。

(3)班组长每天"一班三检"安全检查内容是班前检查本班组安全设施和使用设备工具是否牢固、完好,工作环境是否有不安全因素;班中安全检查的内容是工人遵章守纪情况、不安全的事故隐患和苗子;班后安全巡视内容是现场有无留下事故苗子,如焊渣是否冷却清理、有无朝天钉、设备与电器是否已切断电源、各种物料的堆放是否合理、稳定等。

5.3 隐患治理

(1)各相关单位应根据隐患排查的结果,制订隐患治理方案,对隐患及时进行治理。

(2)隐患治理方案应包括目标和任务、方法和措施、经费和物资、机构和人员、时限和要求。重大事故隐患在治理前应采取临时控制措施并制订应急预案。

(3)隐患治理措施包括工程技术措施、管理措施、教育措施、防护措施和应急措施。

(4)隐患治理要求:

①对事故隐患做到"四定",即定措施、定负责人、定资金来源、定完成期限。

②施工单位无力解决的重大事故隐患,除采取有效防范措施外,应书面向监理单位、建设单位和当地政府报告。

③对不具备整改条件的重大事故隐患,必须采取应急防范措施,并纳入计划,限期解决或停产。

(5)治理完成后,应对治理情况进行验证和效果评估。

(6)项目部应建立隐患治理档案,其内容包括评价报告与技术结论,隐患治理方案,包括资金概预算情况等,治理时间表和责任人,治理完成报告,治理效果评价。

5.4 重大危险源监控

5.4.1 辨识与评估

(1)施工单位应依据有关标准对本单位的危险设施或场所进行重大危险源辨识与安全评估。

(2)危险源辨识的依据:施工组织设计、施工方案、技术交底、安全措施、检验试验取样方法、分部分项工程划分、相关的法律法规、规章规程、相关文件等。

(3)评价准则制订的依据:有关安全生产法律、法规要求,行业的设计规范、技术标准,施工单位的安全生产方针和目标等。

(4)施工单位每半年至少进行一次全面的危害辨识、风险评价工作。

(5)路基工程、桥梁工程、隧道工程应从驻地选址、施工总平面图、道路运输、临建、施工工艺、机械设备、作业环境、安全管理措施等方面进行综合辨识。

(6)以下八类施工危险性较大的专项工程应作为重大危险源予以明确辨识。

①爆破工程。重大危险源主要包括爆破作业环境不满足安全规程要求,作业人员不满足上岗要求,爆破区域未设置警示标志和隔离设施,作业操作未按照要求进行,爆破器材运输、管理不符合安全规程。

②高边坡工程。重大危险源主要包括施工前未进行边坡稳定性调查,施工中未进行监测,开挖与运输作业面相互影响,坡面存在危石,作业人员防护措施不到位,必要地段未设置防护支撑或隔离设施。

③基础开挖工程。重大危险源主要包括开挖前未对地下埋设设施进行调查,支护方案、排水措施不满足要求,基坑周围未设置警示标志和隔离设施。

④桥梁工程,特别是高墩、大跨、深水、结构复杂的桥梁工程。重大危险源主要包括挖孔前未对地质、水文条件进行分析,挖孔孔内空气指标不满足要求,恶劣天气特别是大风天气进行露天高处作业,登高作业人员未经培训、身体不适或未佩戴安全护具,高墩施工未设置必要的安全措施,吊装机械未按安全规程操作。

⑤隧道工程。重大危险源主要包括工作人员进洞前未佩戴必要的安全护具,未制订通风、照明、防尘、降温、防水、防止有害气体等措施,施工支护未配合开挖及时施作,未根据地质、水文情况制订防排水方案,未定期对周围环境进行监测,爆破操作、爆破器材的洞内运输和保管不符合安全规程。

⑥脚手架工程。重大危险源主要包括钢管脚手架连接、支撑不满足要求,未设置必要防风装置,未进行安全验算,拆除时未设置隔离范围和警示标志。

⑦起重吊装工程。重大危险源主要包括起吊前未检查各部件可靠性和安全性,作业人员不具备作业资格,轮式或履带式起重机作业地面不平整、支脚支垫不牢靠。

⑧与铁路、公路交叉工程。重大危险源主要包括与铁路交叉处没有专人管理,未设置信号装置和落杆,采用多层作业或桥下通车、行人等立体施工时未布设安全网、未设置防护设施、未设岗哨进行监控管理,施工前未与铁路或其他有关部门协商有关事宜和签订安全协议,跨越铁路、公路时在列车或汽车通过的情况下进行吊梁安装作业。

5.4.2　登记与建档

施工单位应当对确认的重大危险源及时登记建档,并按规定备案。重大危险源清单格式见表5-1。

重大危险源清单　　表5-1

施工单位:

监理单位:

序号	危险源	危害因素	可能导致的危害及事故	危害级别	控制措施	责任部门	责任人

5.4.3 监控与管理

(1)施工单位应建立健全重大危险源安全管理制度,制订重大危险源安全管理技术措施,并制订应急预案,告知从业人员和相关人员在紧急情况下应当采取的应急措施。

(2)项目部应建立管理部门及班组监控机制,明确各级组织、各专业的职责,定期进行监督或巡检。

(3)对重大危险源实行销号登记制度,销号登记表见表5-2。

重大危险源销号登记表 表5-2

施工单位:

监理单位:

项目名称			
重大危险源名称及部位		危险级别	
施工简况及销号申请	专职安全员(签字)________ 施工负责人(签字)________ ______年______月______日		
驻地办审核意见	监理工程师(签字)________ ______年______月______日		
总监办审核意见	监理工程师(签字)________ ______年______月______日		
建设单位核定意见	项目工程师(签字)________ ______年______月______日		

5.5 应急救援

5.5.1 应急管理职责

1)建设单位

根据法律法规和当地交通主管部门制订的应急预案,编制本单位应急预案,明确工程各参建单位的责任,落实应急救援的具体措施,并定期组织演练;组织开展事故应急知识培训和宣传教育工作,提高应急反应能力;编制本单位年度应急工作资金预算草案;负责联络气象、水利、地质等相关部门,为项目施工单位提供预测信息;对项目施工单位的应急工作进行监督检查;及时向当地交通主管部门、安全监管部门报告事故情况。

2)监理单位

核查施工单位的应急预案,监督安全专项施工方案或安全技术措施的实施;对危险性较大的分部分项工程进行重点巡查，对发现的安全事故隐患及时责令改正；严格安全防护措施和应急措施的月度计量支付管理；及时向建设单位、当地交通主管部门、地方安全监管部门报告事故情况，配合事故调查、分析和处理工作；对现场监理人员进行安全教育，配备必要的安全防护用品，提高应急反应能力。

3）施工单位

根据法律法规和当地交通主管部门及项目建设单位制订的应急预案，认真分析建设单位制订的应急预案和施工作业环境危害因素，充分考虑各类自然灾害影响，因地制宜地制订有针对性和实效性的应急预案；建立本项目部应急救援组织，配备充足的应急救援器材、设备，并定期组织演练；编制本项目年度应急工作资金预算草案；对本项目部人员进行安全生产培训、教育，提高应急反应能力；对施工过程中重大安全技术问题组织专家进行专项研究，必要时可向当地交通主管部门申请帮助；及时向建设单位、当地交通主管部门、地方安全监管部门报告事故情况。

5.5.2　应急预案

（1）施工单位应建立完善的安全生产应急预案体系。应急预案应包括以下内容：

①应急救援的指挥和协调机构。

②有关部门或机构在应急救援中的职责和分工。

③应急救援队伍及其人员、装备。

④应急救援预案启动程序。

⑤紧急处置、人员疏散、工程抢险、医疗急救、通信与信息保障、信息发布等应急救援保障措施方案。

⑥应急演练。

⑦经费保障及其他有关事项。

（2）施工单位根据建设单位的总体预案，结合工程特点、施工工艺、地质、水文和气候等实际情况，编制合同段应急预案以及危险性较大工程的专项应急预案，经监理单位审查后报建设单位备案。

（3）危险性较大工程的桥梁、隧道和大型结构工程，以及存在潜在危险的作业区（易发生山体崩塌、滑坡、泥石流，存在有害气体突出的施工环境），项目部应按规定编制专项安全施工方案，开展施工安全风险评估，制订相应的专项应急预案，并向操作人员进行专项方案的宣贯和交底工作。项目部对进入上述作业区的操作人员进行风险告知。

（4）应急预案应定期评审，并根据评审结果或实际情况的变化进行修订和完善。

5.5.3　应急机构和队伍

（1）施工单位应按规定建立安全生产应急管理机构或指定专人负责安全生产应急管理工作。

（2）施工单位应建立与本单位安全生产特点相适应的专兼职应急救援队伍，或指定专兼职应急救援人员，并组织应急演练。兼职应急救援队伍的人数原则上应满足如下要求：合同价不大于5 000万元的，人数不少于 15 人；5 000万元以上的每增加3 000万元人数增加 5 人。

（3）施工单位应建立健全内部联系，保持通信畅通，设立 24h 值班电话。

（4）与社会相关部门如公安、消防、医院及当地政府机关等建立联系，必要时，实施联防联动。

（5）当项目发生生产安全事故后，相邻合同段施工单位应在建设单位的统一指挥下，积极参与现场互救，并采取措施加强本合同段安全防范。

5.5.4　应急设施、装备、物资

（1）施工单位应按规定建立应急设施，配备应急装备，储备应急物资，并进行经常性的检查、维护、保养，确保其完好、可靠。

（2）施工单位应根据实际情况具备足够数量和种类的应急物资及装备，其基本种类包括：

①救护人员装备：头盔、防护服、防护靴、防护手套、安全带、呼吸保护器具等。

②消防救护器材:救生网、救生梯、救生袋、救生垫、救生滑竿、缓降器等。

③土石方工程设备:挖掘机、铲车、吊机等。

④水上结构物施工:起重船、救生船、救生艇等各类船只、设备等。

⑤急救医疗器材:担架、纱布、急救药箱等。

5.5.5 应急预防

(1)应有明确的自然灾害类预警信息接收方式、程序和责任人;通过风险辨识发现的重大风险,以及经风险评估确定的不能接受的风险,应明确相应的预防措施和责任人,开展有针对性的安全技术交底,明确交底的内容、形式和人数。

(2)施工单位应根据预警信息及时调整施工计划,提前进行必要的人员培训和预案演练,增设必要的安全防护设施,做好各项预防工作,监理单位应就预防措施落实情况进行指导和监督。

(3)日常施工管理中,施工单位应对危险性较大工程的桥梁、隧道和大型结构工程以及存在潜在危险的作业区(易发生山体崩塌、滑坡、泥石流,存在有害气体突出的施工环境)开展安全风险评估,加强监控量测,采取合理的防范措施。

5.5.6 应急演练

(1)应急演练主要包括高空坠落、触电、物体打击、机械伤害和坍塌事故、防汛、消防等。应急演练基本要求:方案科学,具有针对性;安全第一,防范意外;结合实际,合理定位;着眼实战,讲求实效。

(2)施工单位应成立以项目经理为组长的演练领导小组,通常下设策划部、保障部和评估组;对于不同类型和规模的演练活动,其组织机构和职能可以适当调整。根据需要,可成立现场指挥部。

(3)应急演练需事先制订方案,应包括演练准备、演练实施、演练总结三个阶段,演练方案按以上三个阶段所涉及的任务制订相应的规则与计划。

(4)演练准备阶段工作内容:

①制订演练计划:包括确定演练目的;分析演练需求;确定演练范围;安排演练准备与实施的日程计划;编制演练经费预算,明确演练经费筹措渠道。

②设计演练方案:包括确定演练目标;设计演练情景与实施步骤;设计评估标准与方案;编写演练方案文件;演练方案评审。

③演练动员与培训,确保所有演练参与人员掌握演练规则、演练情景和各自在演练中的任务。

④应急演练保障:包括人员保障、经费保障、场地保障、物资和器材保障、通信保障、安全保障。

(5)演练实施程序:

①演练启动。

②演练执行:包括演练指挥与行动、演练过程控制、演练解说、演练记录、演练宣传报道。

③演练结束与终止。

(6)演练总结阶段工作内容:

①演练评估:演练评估报告的主要内容一般包括演练执行情况、预案的合理性与可操作性、应急指挥人员的指挥协调能力、参演人员的处置能力、演练所用设备装备的适用性、演练目标的实现情况、演练的成本效益分析、对完善预案的建议等。

②演练总结:演练总结报告的内容包括演练目的,时间和地点,参演单位和人员,演练方案概要,发现的问题与原因,经验和教训,以及改进有关工作的建议等。

③成果运用:包括修改完善应急预案、有针对性地加强应急人员的教育和培训、对应急物资装备有计划地更新等,并建立改进任务表,按规定时间对改进情况进行检查。

④文件归档与备案:对于由上级有关部门布置或参与组织的演练,或者法律、法规、规章要求备案的演练,演练组织单位应当将相关资料报有关部门备案。

(7)应急演练应制订年度计划,适时进行。演练时应有筹建处、监理单位参加。

(8)施工单位应结合施工特点、工程进度和现场实际,每半年组织开展整体应急演练及单项应急演练,次数各不少于1次。

5.6 事故控制

5.6.1 事故分类

根据国家伤亡事故统计报告和处理制度,按事故伤害严重程度分为轻伤事故,指只有轻伤的事故;重伤事故,指只有重伤没有死亡的事故;死亡事故,造成人员死亡的事故。

事故分类具体细分如下:

(1)一般事故:是指造成3人以下死亡失踪,或者3人以下涉险,或者10人以下重伤(包括急性中毒,下同),或者1 000万元以下直接经济损失的事故。

(2)较大事故:是指造成3人以上10人以下死亡失踪,或者3人以上10人以下涉险,或者10人以上50人以下重伤,或者1 000万元以上5 000万元以下直接经济损失的事故。

(3)重大事故:是指造成10人以上30人以下死亡失踪,或者10人以上30人以下涉险,或者50人以上100人以下重伤,或者5 000万元以上1亿元以下直接经济损失的事故。

(4)特别重大事故:是指造成30人以上死亡失踪,或者30人以上涉险,或者100人以上重伤,或者1亿元以上直接经济损失的事故。

5.6.2 事故报告

1)事故报告原则

事故发生现场有关单位安全负责人员应遵循"迅速、准确"的原则,在规定的时间内逐级上报重大生产安全事故情况;任何单位和个人不得隐瞒不报、谎报、拖延不报或者授意他人隐瞒不报、谎报、拖延不报安全生产事故。

2)事故报告的时间要求

(1)未出现人员死亡事故,一次性财产损失小于5万元(含5万元)事故,施工单位可用安全月报形势报告。

(2)未出现人员死亡事故,一次性财产损失大于5万元的事故,施工单位应在24h内依据相关规定报告。

(3)出现死亡及以上事故,施工单位应在第一时间报告。

3)报告内容

(1)事故发生时间、地点、事故类型、人员伤亡情况、预估的直接经济损失。

(2)事故中的建设、勘察、设计、施工、监理等单位名称资质等情况,施工单位安全生产许可证号及发证机构,施工单位"三类人员"的姓名及岗位证书情况,监理人员执业资格等情况。

(3)项目的基本概况。

(4)事故的简要经过、紧急抢险救援情况、事故原因的初步分析。

(5)采取措施的情况。

(6)事故报告单位、签发人及报告时间等。

4)报告方式

紧急情况下,可采取电话、传真、电子邮件的形式先行报告事故概况,并不断报送事故的后续情况,但应在8h内补齐书面材料,向自治区交通运输厅上报事故快报表。

5)报告程序

报告程序如图 5-1 所示。

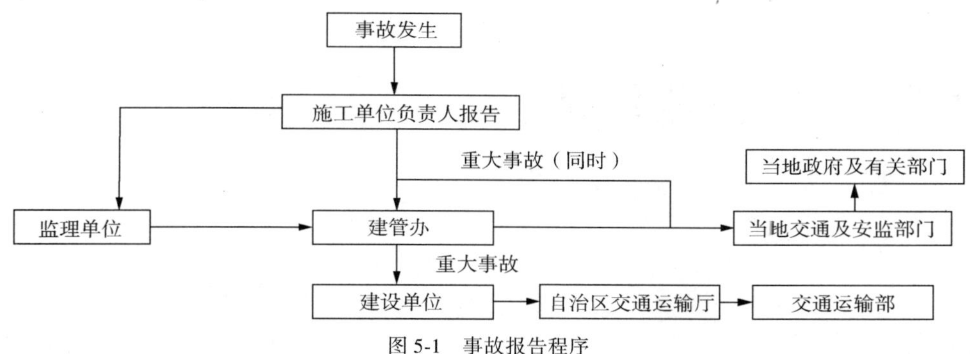

图 5-1 事故报告程序

5.6.3 事故调查与处理

1)安全生产事故的处理流程

安全生产事故的处理流程如图 5-2 所示。

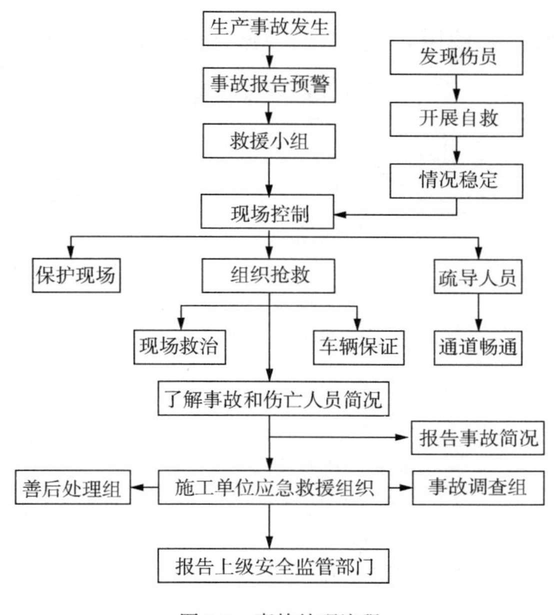

图 5-2 事故处理流程

2)安全生产事故的调查

(1)各参建单位依据职责规定的权限进行调查处置。调查可采用现场摄像、与目击者、当事者、工作人员面谈、查记录等形式。

(2)工作人员或工作人员代表应参与事故、事件的调查和处置,工作人员参与的记录应予保留。

3)责任和奖惩

(1)生产安全事故应急管理工作实行领导负责制和责任追究制。

(2)施工单位应定期对在应急工作中做出突出贡献的集体和个人给予宣传、表彰和奖励。

(3)对未依照规定履行事故报告职责,迟报、漏报、瞒报、谎报或授意他人不按规定履行报告职责的,或者在应急管理工作中有失职、渎职行为的,干扰应急救援工作的,由所在单位或上级部门按有关规定进行行政处罚;构成犯罪的,由司法部门依法追究刑事责任。

6　个人防护与职业健康

6.1　个人防护

6.1.1　一般规定

(1)应建立健全安全防护用品的购置、发放、领用、验收等制度。

(2)防护用品必须具有产品合格证书,并定期进行检查检验,严禁使用不合格的防护用品。

(3)安全防护用品使用前应妥善保管,不可接触高温、明火、强酸、强碱或尖锐物体,不得存放在潮湿的仓库中保管。

(4)进入施工现场须正确佩戴和使用安全防护用品。防护用品佩戴应至少满足表6-1的要求。

防护用品佩戴要求　　表6-1

作业部位	工　种	防护用品	备　注
桥梁基础	挖孔工人	安全帽、防尘口罩、安全带	
	爆破员	安全帽、绝缘设备	
	混凝土工	安全帽、手套	
桥梁下部结构	钢筋工、焊工	安全帽、手套、护目镜	
	架子工	安全帽、安全带、手套、防滑鞋	
	电工	安全帽、绝缘设备	
	吊装人员、机械操作员	安全帽	汽车吊、塔吊
	模板工	安全帽、安全带、手套	
桥梁上部结构	吊装工	安全帽、安全带、手套	架桥机人员
	模板工	安全帽、安全带、手套	
	钢筋工、焊工	安全帽、安全带、护目镜	
路基工程	爆破员	安全帽、绝缘设备	
	石工	安全帽、安全带	防护工程
	挖机操作员	安全帽	
	汽车驾驶员	安全帽	
路面工程	机械操作员	安全帽	
	现场作业人员	安全帽、抗高温鞋、手套、防毒口罩	
隧道工程	锚喷工	防尘口罩、安全帽、安全带	
	掘进工	安全帽、安全带、口罩、风镜	
	瓦斯检查员	安全帽、安全带、绝缘设备、口罩	
	爆破员	安全帽、安全带、绝缘设备、口罩	
	机械操作员	安全帽、安全带	
	其他	安全帽、安全带	

6.1.2　安全管理要点

(1)佩戴安全帽前,应将帽后调整带按自己头型调整到适合的位置,然后将帽内弹性带系牢。缓冲衬垫的松紧由带子调节,人的头顶和帽体内顶部的空间垂直距离不应小于32mm。安全帽的下领带须扣在颌下,并系牢,松紧应适度。

(2)安全帽应定期检查有没有龟裂、下凹、裂痕和磨损等情况,发现异常立即更换。任何受过重击、有裂痕的安全帽,不论有无其他损坏现象,均应报废。

(3)施工人员在现场作业中,不得将安全帽脱下,搁置一旁,或当坐垫使用。

(4)2m以上悬空作业须使用安全带。

(5)安全带使用前,应检查绳带有无变质,卡环是否有裂纹,卡簧弹跳性是否良好。安全带在使用后,应注意维护保管。应经常检查安全带缝制部分和挂钩部分,须详细检查捻线是否发生裂断和残损等。

(6)高处作业如果安全带无固定挂处,应采用适当强度的钢丝绳或采用其他方法,禁止把安全带挂在移动或带尖锐棱角或不固定的物体上。

(7)安全带应遵循“高挂低用”的原则,严禁“低挂高用”。

(8)安全带严禁擅自接长使用,如果使用3m及以上的长绳时须应加缓冲器,各部件不得随意拆除。

(9)安全网的每根系绳都应与构件系结,四周边绳(边缘)应与支架贴紧。

(10)高处作业部位的下方须挂安全网;当建筑物高度超过4m时,须设置一道随建筑物逐渐上升的安全网,以后每隔4m再设一道固定安全网;在外架、桥式架,上、下对孔处都须设置安全网。安全网的架设应里低外高,支出部分的高低差一般在50cm左右;支撑杆件无断裂、弯曲;网内缘与建筑物间隙应小于15cm;网最低点与下方物体表面距离应大于3m。安全网架设所用的支撑,木杆的小头直径不小于7cm,竹杆小头直径不得小于8cm,撑杆间距不得大于4m。

(11)使用前应检查安全网是否有腐蚀及损坏情况。施工中应保证安全网完整有效,支撑合理,受力均匀,网内不得有杂物。搭接应严密牢靠,不得有缝隙,搭设的安全网不得在施工期间随意拆移、损坏,须到无高处作业时才可拆除。

(12)应经常清理网内的杂物,在网的上方实施焊接作业时,应采取有效的防止焊接火花落在网上的措施;网的周围不应有长时间严重的酸碱烟雾。

(13)瓦斯检查员须戴好安全帽,穿好工作服、工作鞋等劳动防护用品,严禁穿铁钉鞋和易产生静电的化纤衣服作业,应随身携带防爆电筒,严禁用明火照明。

6.2　职业健康

6.2.1　职业健康管理

(1)职业健康管理的基本要求。

①施工单位应按照法律法规、标准规范的要求,为施工人员提供满足职业健康要求的工作环境和条件,配备与职业健康保护相适应的设施、工具。

②施工单位应定期对作业场所职业危害进行检测,在检测点设置标识牌予以告知,并将检测结果存入职业健康档案。

③对可能发生急性职业危害的有毒、有害工作场所,应设置报警装置,制订应急预案,配置现场急救用品、设备,设置应急撤离通道和必要的泄险区。

④各种防护器具应定点存放在安全、便于取用的地方,并有专人负责保管。

⑤项目部应对现场急救用品、设备和防护用品进行经常性的检维修,定期检测其性能,确保其处于正常状态。

(2)施工单位应建立职业健康保障组织机构和保证体系,并配置相应管理人员。

(3)施工单位应当建立、健全下列职业危害防治制度和操作规程。

①职业危害防治责任制度。

②职业危害告知制度。

③职业危害申报制度。

④职业健康宣传教育培训制度。

⑤职业危害防护设施维护检修制度。

⑥从业人员防护用品管理制度。

⑦职业危害日常监测管理制度。

⑧从业人员职业健康监护档案管理制度。

⑨岗位职业健康操作规程。

⑩法律、法规、规章规定的其他职业危害防治制度。

(4)作业场所应当满足下列要求。

①生产布局合理,有害作业与无害作业分开。

②作业场所与生活场所分开,作业场所不得住人。

③有与职业危害防治工作相适应的有效防护设施。

④职业危害因素的强度或者浓度符合国家标准、行业标准。

⑤法律、法规、规章和国家标准、行业标准的其他规定。

(5)职业健康管理的重点部位和方面。

①爆破作业:粉尘。

②隧道:有害气体、粉尘。

③路面施工:高温、有害气体。

④施工机械:噪声。

⑤拌和站:噪声、粉尘。

⑥焊接:烟尘、紫外线和红外线。

⑦试验室:有毒、有害化学药品。

⑧食堂:腐败变质食物、防中毒。

6.2.2　职业危害告知和警示

(1)施工单位与劳务队伍订立劳动合同时,应将工作过程中可能产生的职业危害及其后果和防护措施如实告知对方,并在劳动合同中写明。

(2)施工单位应采用有效的方式对施工人员及相关方进行宣传,使其了解生产过程中的职业危害、预防和应急处理措施,降低或消除危害。

(3)对存在严重职业危害的作业岗位,应按现行《工作场所职业病危害警示标识》(GB/Z 158—2003)要求设置警示标识和警示说明。警示说明应载明职业危害的种类、后果、预防和应急救治措施。

(4)施工单位应按规定,及时、如实向当地主管部门申报生产过程存在的职业危害因素,并依法接受其监督。

7 标识标牌与安全标语

7.1 一般规定

(1)各施工单位应当在项目开工前,根据施工安全需要,结合自身工程实际和具体工程内容编制施工现场安全标示标牌设置总体计划,绘制安全标识标牌平面布置图,真实完整列出安全标识标牌内容清单,报建设单位审核备案,并在实施过程中做好安全标识标牌设置情况的动态登记。

(2)安全标识标牌,一般由安全色、几何图形和图形符号构成。安全标识标牌应采用坚固耐用的材料制作,一般不宜使用遇水变形、变质或易燃的材料。有触电危险的作业场所应使用绝缘材料。

(3)安全标识标牌应设置在与安全有关的场所和设施、设备上,标识标牌应设置在合理、醒目的位置,保证人们有足够的时间注意其所表示的内容,易于辨认,种类齐全。

(4)设立于某一特定位置的安全标识标牌应被牢固地安装,保证其自身不会产生危险,所有的标识均应具有坚实的结构。当安全标识标牌被置于墙壁或其他现存的结构上时,背景色应与标识上的主色形成对比色。

(5)对于所显示的信息已经无用的安全标志,应立即卸下,这对于警示特殊的临时性危险的标志尤其重要,否则会干扰观察者,造成对其他有用标志的忽视。

(6)施工单位应当根据不同施工阶段设置相应的安全标识标牌,专职安全管理人员应定期对安全标识标牌进行自检。

(7)施工单位应当建立施工现场安全标识标牌设施管理制度,定期维修和保养安全标识标牌设施,并将破损、变形、图形模糊不清的标识标牌及时报废并更新。

(8)监理单位应当及时审查确认施工单位施工现场所需安全标识标牌设置的总体计划、平面布置图、清单目录等。

(9)监理单位应当对施工现场安全标识标牌设置进行检查,重点检查安全标识标牌的符合性、合理性、安全性和有效性。

(10)其他参照现行《安全标志及其使用导则》(GB 2894—2008)的相关规定执行。

7.2 标识标牌分类

(1)安全标识标牌的安全色主要有如下四种:

①红色,表示禁止、停止,也代表防火。

②蓝色,表示指令或须遵守的规定。

③黄色,表示警告、注意。

④绿色,表示安全状态、提示或通行。

(2)安全标识标牌分为以下五大类:

①禁止标志(A 类),表示“禁止”或“不允许”的含义。

②警告标志(B 类),警告人们对周围环境引起注意,避免可能发生的各种危险。

③指令标志(C 类),强制人们必须做出某种动作或采用防范措施。

④提示标志(D 类),提示、标明目标的方向或位置。

⑤明示标志(E 类),上述四种标志中不能包括但现场需明示相关信息的图像标志。

(3)标识标牌制作要求及使用范围、部位见表7-1。根据施工现场需要,可适当加大标识标牌的规格尺寸。标识标牌安全色、几何图形样式与基本参数和图形符号必须满足现行《安全标志及其使用导则》(GB 2894—2008)的相关要求。

标识标牌制作要求及设置范围、部位　　表7-1

禁止标志(A)			
名称	编号	规格(cm×cm)	设置范围和部位
禁止吸烟	A-1	30×40	有甲、乙、丙类火灾危险物质的场所和禁烟的公共场所,如木料加工场、沥青室、宿舍、仓库等
禁止烟火	A-2	30×40	有甲、乙、丙类火灾危险物质的场所,如氧气、乙炔存放处、易燃易爆处、油库等
禁止带火种	A-3	30×40	有甲、乙、丙类火灾危险物质的场所,如氧气、乙炔存放处、易燃易爆处、油库、林区等
禁止放易燃物	A-4	30×40	具有明火设备或高温的作业场所,如各种焊接、切割等动火场所
禁止用水灭火	A-5	30×40	生产、储运、使用中有不得用水灭火的物质的场所,如变压器室、乙炔存放处、油库、沥青室等
禁止阻塞	A-6	30×40	应急通道、安全通道及施工操作平台等处
禁止启动	A-7	30×40	暂停使用的设备附近,如设备检修、更换零件等
禁止合闸	A-8	30×40	用电设备或线路检修时,相应开关处
禁止攀登	A-9	30×40	不允许攀爬的危险地点,如有危险的建筑物、构筑物、设备处
禁止靠近	A-10	30×40	不允许靠近的危险区域,如高压线、输变电设备的附近
禁止入内	A-11	30×40	易造成事故或对人员有伤害的场所,如高压设备室、配电室、炸药库等
禁止停留	A-12	30×40	对人员具有直接伤害的场所,如危险路口、吊装作业区、输送带下方、预制梁架设区等
禁止通行	A-13	30×40	有危险的作业区,如起重、爆破场所等
禁止乘人	A-14	30×40	使用吊斗、吊篮等起吊作业现场
禁止跨越	A-15	30×40	禁止跨越的危险路段,如专用的运输通道、带式输送机、作业现场的沟坎坑等
禁止跳下	A-16	30×40	不允许跳下的危险地点,如高空作业平台、护栏、深基坑施工现场等
禁止触摸	A-17	30×40	禁止触摸的设备或物体附近,如裸露的带电体、具有毒性或腐蚀性物体、炽热物体等
禁止伸入	A-18	30×40	易于夹住身体部位的装置或场所,如有开口的传动机、破碎机等
禁止抛物	A-19	30×40	抛物易伤人的地点,如高空作业现场、深沟(坑)等
禁止穿化纤服装	A-20	30×40	有静电火花会导致灾害或炽热物质的作业场所,如焊接、有易燃易爆物质的场所、瓦斯隧道等
禁止穿带钉鞋	A-21	30×40	有静电火花会导致灾害或炽热物质的作业场所,如焊接、有易燃易爆物质的场所、瓦斯隧道等
限速	A-22	30×40	隧道洞口、成洞段;便道、便桥、场内道路等需要设置限速标志处,按照现行《道路交通标志和标线》(GB 5768—2009)设置
限高	A-23	30×40	跨路、跨河等连续梁、刚构、支架及移动模架施工时设置,具体限制高度根据结构下净空高度自行确定
限宽	A-24	30×40	跨路、跨河等连续梁、刚构、支架及移动模架施工时及便桥等处,具体限制宽度根据结构允许通行宽度自行确定

续上表

名称	编号	规格(cm×cm)	设置范围和部位
禁止标志(A)			
限重	A-25	30×40	便桥、便涵等临时设施或其他有承重要求的构造物两端,具体限重数根据现场实际确定
禁止饮用	A-26	30×40	禁止饮用水的开工处
禁止暴晒	A-27	40×30	白底红字;用于氧气、乙炔等易燃易爆气体场所
禁止掉落焊花	A-28	40×30	白底红字;跨越通航河道、铁路、公路等施焊场所
禁止翻越	A-29	40×30	白底红字;翻越后易造成意外伤害的临边、临空、水上作业平台、临近既有线护栏、围墙等处所
禁止向水中排放泥浆	A-30	40×30	白底红字;水上或邻近水源施工等作业场所等
禁止倾倒垃圾	A-31	40×30	白底红字;水上或邻近水源施工等作业场所或风景保护区、地方有关规定场所等
禁止排放油污	A-32	40×30	白底红字;水上或邻近水源施工等作业场所或风景保护区、地方有关规定场所等
施工重地 闲人免进	A-33	40×30	白底红字;拌和站、钢筋加工场、制梁场、轨道板场、隧道等封闭或半封闭施工场地出入口、重点部位
机房重地 闲人免进	A-34	40×30	白底红字;施工现场的控制室、发电机房、抽水机房等场所
锅炉重地 闲人免进	A-35	40×30	白底红字;锅炉房出入口处
警告标志(B)			
注意安全	B-1	30×40	易造成人员伤害的场所或设备等
当心火灾	B-2	30×40	已发生火灾的危险场所,可燃物资的储运、使用等地点
当心触电	B-3	30×40	有可能发生触电危险的电器设备和线路,如配电箱(柜)、开关箱、变压器、用电设备处
当心电缆	B-4	30×40	在暴露的电缆或地面下有电缆的施工地点
当心吊物	B-5	30×40	有吊装设备、作业的场所
当心弧光	B-6	30×40	有弧光产生的焊接作业场所
当心机械伤人	B-7	30×40	易发生机械卷入、轧压、碾压、剪切等机械伤害的作业场所
当心坑洞	B-8	30×40	具有坑洞易造成伤害的作业地点,如各种预留孔洞和深坑的上方等处
当心落物	B-9	30×40	易发生落物危险地地点,如高处作业、立体交叉作业等下方
当心塌方	B-10	30×40	易发生塌方危险的地段,如边坡土方作业的深坑、深槽等场所
注意防尘	B-11	30×40	爆破、隧道等易产生粉尘的施工现场
当心有害气体中毒	B-12	30×40	易产生有毒、有害气体的场所
当心扎脚	B-13	30×40	易造成脚部伤害的作业地点
当心坠落	B-14	30×40	易发生坠落事故的作业地点
当心冒顶	B-15	30×40	具有冒顶危险的作业场所,如隧道等
当心有犬	B-16	30×40	有犬类作为保卫的场所
必须标准化施工	B-17	30×40	施工现场作业处
当心爆炸	B-18	30×40	易爆物质储存处,如炸药库、油库等
当心绊倒	B-19	30×40	地面有障碍物,绊倒易造成伤害的地点

续上表

警告标志(B)			
名称	编号	规格(cm×cm)	设置范围和部位
当心落石	B-20	40×30	黄底黑字;易落石的地带,如隧道出入口、路基砌筑边坡等处
当心碰头	B-21	40×30	黄底黑字;施工现场狭小、低矮通道处
保护森林 注意防火	B-22	150×200/字	红底白字;邻近林区施工现场
高压危险	B-23	40×30	黄底黑字;施工场所变压器、高压电力设备等处
前方施工 减速慢行	B-24	80×60	黄底黑字;竖立;跨越(邻近)道路施工处
进入施工现场 请减速慢行	B-25	80×60	黄底黑字;竖立;场站出入口及工点路口处
指令标志(C)			
必须戴防护眼镜	C-1	30×40	对眼睛有伤害的各种作业场所或施工现场
必须戴防护面罩	C-2	30×40	易造成人体紫外线辐射的作业场所,如电气焊场所等
必须戴防尘口罩	C-3	30×40	具有粉尘的作业场所,如隧道、拌和站等
必须戴防毒面具	C-4	30×40	具有对人体有害气体等的作业场所
必须戴护耳器	C-5	30×40	噪声超过 85dB 的作业场所,如爆破现场等
必须戴安全帽	C-6	30×40	头部易受外力伤害的场所
必须穿防护鞋	C-7	30×40	易伤害足部的作业场所,如具有腐蚀、灼热、触电、砸(刺)伤等危险地作业地点
必须穿救生衣	C-8	30×40	易发生溺水的作业场所
必须系安全带	C-9	30×40	易发生坠落危险地作业场所
必须穿防护服	C-10	30×40	具有微波、高温或其他需要穿防护服的作业现场
必须戴防护手套	C-11	30×40	易伤害手部的作业场所,如具有腐蚀、污染、灼热、冰冻及触电危险等作业场所
必须洗手	C-12	30×40	接触有毒有害物质作业后
必须加锁	C-13	30×40	剧毒品、危险品仓库
必须接地	C-14	30×40	防雷、防静电场所
注意通风	C-15	30×40	空气不流通,易发生窒息、中毒等作业场所
进入施工现场 必须戴安全帽	C-16	60×80	蓝底白字;施工现场的出入口等醒目位置
泥浆池危险 请勿靠近	C-17	40×30	蓝底白字;泥浆池防护栏
沉淀池危险 请勿靠近	C-18	40×30	蓝底白字;拌和站、制梁场(预制场)沉淀池防护栏
张拉危险 请勿靠近	C-19	40×30	蓝底白字;制梁场、预制厂、现浇等预应力张拉处
基坑危险 请勿靠近	C-20	40×30	蓝底白字;涵洞、桥梁基坑靠便道侧的护栏
必须系安全绳	C-21	40×30	蓝底白字;高处作业、临边作业、悬空作业等场所
提示标志(D)			
避险处	D-1	40×30	隧道等内躲避危险的地方

续上表

提示标志(D)			
名称	编号	规格(cm×cm)	设置范围和部位
灭火器指示	D-2	40×30	需指示灭火器的场所
灭火设备指示	D-3	40×30	需指示灭火设备的场所
前方施工	D-4	改(扩)建、跨既有公路施工处。具体尺寸及设置位置按国家现行标准《道路交通标志和标线》(GB 5768—2009)有关要求执行	
车辆慢行	D-5		
道路封闭	D-6		
向右改道	D-7		
向左改道	D-8		
向右行驶	D-9		
向左行驶	D-10		
左道封闭	D-11		
右道封闭	D-12		
中间封闭	D-13		
分区标识牌	D-14	80×60	清洗区、备料区、待检区、合格区、加工区、制梁区、存梁区等醒目位置
复耕土存放区	D-15	80×60	白底红字;复耕土存放处
氧气存放区	D-16	40×30	白底红字;氧气存放处
乙炔存放区	D-17	40×30	白底红字;乙炔存放处
废旧物品存放区	D-18	80×60	废旧物品存放处
弃土(渣)场	D-19	80×60	弃土(渣)堆放处
取土场	D-20	80×60	取土场处
(半)成品材料标识牌	D-21	40×30	各种材料的半成品、成品存放处
材料标识牌	D-22	40×30	储料区
机械设备标识牌	D-23	40×30	施工设备处
墩号标识牌	D-24	直径 50	桥梁墩位处
制梁台座标识牌	D-25	直径 30	梁场制梁台座或箱梁外模处
明示标志(E)			
胸卡	E-1	8×12	悬挂胸前
袖标	E-2	40×14	套固于上臂
安全帽	E-3	制式;佩戴;总指挥部、指挥部、咨询、监理单位人员佩戴红色,施工单位现场管理人员佩戴白色,普通施工人员佩戴黄色安全帽,特种工种人员佩戴蓝色安全帽	
配合比标识牌	E-4	80×60	拌和机及拌和楼操作室
值班人员公示牌	E-5	80×60	施工场地值班室等固定值班场所处
安全资格公示牌	E-6	80×60	施工场地值班室等固定值班场所处
当日重大危险源公示牌	E-7	60×80	有重大危险源的施工场所
进洞须知牌	E-8	150×200	隧道洞口
应急救援流程图	E-9	150×200	危险性较大的施工场所,如隧道、既有线等
施工工艺流程图	E-10	150×100	关键工序施工处

续上表

明示标志(E)			
名称	编号	规格(cm×cm)	设置范围和部位
机械操作安全规定公示牌	E-11	200×150	施工场地
安全知识宣传牌	E-12	200×150	施工场地、项目部等
出入隧道人员显示牌	E-13	高度150,长度视现场而定	隧道洞口
工程概况牌	E-14	250×200	桥梁、隧道、站场、拌和站、梁场、板场等重点工程的醒目位置
工程公示牌	E-15	250×200	
施工平面布置图	E-16	250×200	
安全质量环保目标公示牌	E-17	250×200	
应急联系电话公示牌	E-18	150×200	施工场所

(4)安全标识标牌图例,可参考附录B附图22~附图26。

(5)标识标牌说明。

①图形类标志需要与文字辅助标志共同发挥作用。文字辅助标志:文字标志的基本形式是矩形边框;文字辅助标志有横向、竖向两种形式。

②横写时,文字辅助标志在标志的下方,可以和标志连在一起,也可以分开;禁止标志、指令标志为白色字,衬底色为标志的颜色;警告标志为黑色字,衬底色为白色,可参考附录B附图27。

③竖写时,文字辅助标志写在标志杆的上部;禁止标志、警告标志、指令标志、提示标志均为白色衬底,黑色字;标志杆下部色带的颜色和标志的颜色一致,可参考附录B附图28。

④文字说明均应做蒙汉双语对照。

7.3 安全标语

(1)安全标语由简短文字组成,以口号形式表达特定安全内容。

(2)安全标语内容按照本分册中发布的安全生产口号结合建设实际情况自行选择,不足部分可根据具体情况自定。

(3)凡下列地域必须设置大幅、醒目安全标语:

①一切生产、施工场所入口。

②施工现场主要道路两旁、交叉路口及其他醒目位置。

③生产、施工现场内所有易发生事故的特种作业岗位和危险区域。

④所有场、站主要设备操作场所,成品、半成品存放场所。

⑤项目部、驻地办办公区和生活区醒目位置。

⑥所有施工现场内办公区和生活区醒目位置。

(4)夜间施工现场应尽量使用带有灯光的安全标语。

(5)安全标语设置应醒目、牢固、字迹清晰整齐,尽量做到蒙汉对照。

(6)安全标语应定期进行更换。

附录A

附　　表

内蒙古自治区高等级公路工程项目安全生产用表登记表　　附表1

序　　号	表格名称	编　　号
1	安全生产会议记录表	蒙交安表01
2	安全生产检查记录表	蒙交安表02
3	安全教育培训记录表	蒙交安表03
4	安全交底记录表	蒙交安表04
5	施工安全隐患整改通知书	蒙交安表05
6	安全检查日志	蒙交安表06
7	特种设备登记、使用表	蒙交安表07
8	机械设备维修记录表	蒙交安表08
9	机械设备保养记录表	蒙交安表09
10	起重设备试吊记录表	蒙交安表10
11	爆破器材领用申请及消耗审核表	蒙交安表11
12	危险源告知(明白)卡	蒙交安表12
13	应急预案演练情况记录表	蒙交安表13
14	电工定期检查、维修、保养记录表	蒙交安表14
15	交通建设工程安全生产事故快报表	蒙交安表15
16	交通建设工程安全生产事故统计月报表	蒙交安表16

注:可根据实际情况增加登记内容。

内蒙古自治区高等级公路工程项目安全生产台账登记表

附表 2

序　号	台账名称	编　号
1	安全规章制度台账	蒙交安台 01
2	“三类人员”管理台账	蒙交安台 02
3	安全会议台账	蒙交安台 03
4	安全检查台账	蒙交安台 04
5	安全教育培训台账	蒙交安台 05
6	安全交底台账	蒙交安台 06
7	安全“再教育”台账	蒙交安台 07
8	安全检查、整改台账	蒙交安台 08
9	安全责任书、协议登记台账	蒙交安台 09
10	设备进场验收登记台账	蒙交安台 10
11	特种设备进场验收登记台账	蒙交安台 11
12	特种设备维修保养台账	蒙交安台 12
13	作业人员登记(台账)表	蒙交安台 13
14	特种作业人员登记(台账)表	蒙交安台 14
15	劳动防护用品使用管理台账	蒙交安台 15
16	安全生产经费投入统计(台账)表	蒙交安台 16
17	消防器材、危险品使用管理台账	蒙交安台 17
18	起重设备试吊登记台账	蒙交安台 18
19	安全专项施工方案台账	蒙交安台 19
20	应急救援预案管理台账	蒙交安台 20
21	事故报表登记台账	蒙交安台 21
22	安全生产事故处理台账	蒙交安台 22
23	安全监理工作台账	蒙交安台 23
24	安全监理指令台账	蒙交安台 24
25	安全监理专项方案审查台账	蒙交安台 25
26	安全管理文件登记台账	蒙交安台 26

注：可根据实际情况增加登记内容。

安全生产会议记录表

附表 3

蒙交安表 01

会议时间		会议地点	
主持人		参加单位	
会议主要内容			
会议发言记录			
参会人员签字			

注：参会人员签字及会议记录可自制续页。

安全生产检查记录表

附表 4

蒙交安表 02

时间		检查人员	
被检单位		被检查人	
检查情况			
整改要求	下达整改通知书　　　　号。限于　　　年　　月　　日前整改到位。		

注：1.检查人员和被检查人员须本人签字。

2.复查结果应由复查人员签字确认。

安全教育培训记录表

附表 5

蒙交安表 03

<table>
<tr><td colspan="2">时间</td><td colspan="2"></td><td>学时</td><td></td><td>地点</td><td></td></tr>
<tr><td colspan="2">主办机构</td><td colspan="2"></td><td>培训对象</td><td></td><td>人数</td><td></td></tr>
<tr><td colspan="2">培训主题</td><td colspan="6"></td></tr>
<tr><td colspan="2">学习内容</td><td colspan="6"></td></tr>
<tr><td colspan="2">应到人数</td><td colspan="2"></td><td colspan="2">实到人数</td><td colspan="2"></td></tr>
<tr><td rowspan="6">培训人员签字</td><td>姓名</td><td>职务或工种</td><td>姓名</td><td colspan="2">职务或工种</td><td>姓名</td><td>职务或工种</td></tr>
<tr><td></td><td></td><td></td><td colspan="2"></td><td></td><td></td></tr>
<tr><td></td><td></td><td></td><td colspan="2"></td><td></td><td></td></tr>
<tr><td></td><td></td><td></td><td colspan="2"></td><td></td><td></td></tr>
<tr><td></td><td></td><td></td><td colspan="2"></td><td></td><td></td></tr>
<tr><td></td><td></td><td></td><td colspan="2"></td><td></td><td></td></tr>
</table>

注：培训内容和培训人员签字可自制续页。

附表 6

蒙交安表 04

安全交底记录表

<table>
<tr><td>施工班组或部门</td><td colspan="2"></td><td>交底时间</td><td></td><td>接受交底人数</td><td></td></tr>
<tr><td>分项(部)工程名称</td><td colspan="2"></td><td>施工部位</td><td colspan="3"></td></tr>
<tr><td>交底部门</td><td></td><td colspan="2">交底人姓名及职务</td><td></td><td>监理签字</td><td></td></tr>
<tr><td>施工期限</td><td colspan="6">年 月 日至 年 月 日</td></tr>
<tr><td colspan="7">交底内容：</td></tr>
</table>

<table>
<tr><td rowspan="7">接受交底人员签字</td><td>姓名</td><td>职务或工种</td><td>姓名</td><td>职务或工种</td><td>姓名</td><td>职务或工种</td></tr>
<tr><td></td><td></td><td></td><td></td><td></td><td></td></tr>
<tr><td></td><td></td><td></td><td></td><td></td><td></td></tr>
<tr><td></td><td></td><td></td><td></td><td></td><td></td></tr>
<tr><td></td><td></td><td></td><td></td><td></td><td></td></tr>
<tr><td></td><td></td><td></td><td></td><td></td><td></td></tr>
<tr><td></td><td></td><td></td><td></td><td></td><td></td></tr>
</table>

注：1.接受交底人员签字、交底内容可自制续页。

2.监理签字必须是本人签字。

施工安全隐患整改通知书

附表7
蒙交安表05

<table>
<tr><td>检查单位</td><td colspan="3"></td></tr>
<tr><td>检查部位(项目)</td><td colspan="3"></td></tr>
<tr><td>施工标段
(或工区)</td><td></td><td>现场负责人签字</td><td></td></tr>
<tr><td>监理单位</td><td></td><td>监理签字</td><td></td></tr>
<tr><td>检查人员
(签字)</td><td colspan="3"></td></tr>
<tr><td>存在隐患</td><td colspan="3"></td></tr>
<tr><td>整改意见和要求</td><td colspan="3"></td></tr>
<tr><td>整改情况</td><td colspan="3">整改责任人签字(盖章):
年　　月　　日</td></tr>
<tr><td>复查意见</td><td colspan="3">复查人员签字:</td></tr>
</table>

注:有关证明材料、图片资料等可附后。

安全检查日志

附表8

蒙交安表06

时间		天气	
检查人(签字)			
检查情况			
整改要求			
复查情况			

注:1.专职安全员应详细记录当天检查的部位以及所存在的各种安全隐患。

2.对检查存在问题的部位应在检查记录表中明确整改期限和整改责任人,并由整改责任人签字确认。

3.对检查中发现的问题按整改规定的时限及时进行复查,并做好复查记录。

4.检查情况、整改要求、复查情况均可自制续页。

特种设备登记、使用表

附表 9

蒙交安表 07

注册登记机构			注册登记日期		
设备注册代码			更新日期		
单位内部编号			注册登记人员		
安全管理人员			联系电话		
设备使用地点			操作人员		
设备类比		设备名称		设备型号	
设计单位			设计单位代码		
制造单位			制造单位代码		
资格证书名称		资格证书号		联系电话	
制造年月			出厂编号		
安装单位			安装单位代码		
资格证书编号		项目负责人		联系电话	
投用日期		维保周期	周	大修周期	月
维修保养单位			维保责任人		
资格证书号			联系电话		
定期检查	时间	方式	检查情况		
维护保养	日期	方式	维护后设备状况		
运行事故和事故记录	日期	类别(故障/事故)	处理情况		
备注					

注:特种设备包括其附属的安全附件、安全保护装置和与安全保护装置有关的设施。

机械设备维修记录表

附表10

设备名称：

蒙交安表08

序号	时间	检修部位、内容	维修后设备运行情况	维修人

机械设备保养记录表

附表11

设备名称：

蒙交安表09

序号	时间	保养内容	保养人

起重设备试吊记录表

附表12

蒙交安表10

设备名称		型号(规格)	
试吊时间		试吊人员	
试吊环境			
空载运行记录			
负载试吊记录			
试吊结论			

注：1.试吊环境记录试吊当天的天气、风力、场地等情况。

2.空载运行记录应记录空载时，设备的部件运转情况。

3.负载试吊记录应记录负载质量、设备各部件运转情况。

4.试吊结论应明确设备安全运行的环境及所能承受的负荷。

附表 13
蒙交安表 11

爆破器材领用申请及消耗审核表

领用单位							
使用部位					日期		
序号	器材（材料）名称	规格型号	单位	申领数量	实发数量	实际消耗	退库数量
1							
2							
3							
4							
5							
6							
7							
8							
9							
10							
11							

1.领用审批环节说明：审批时按照层层审批，不得越级审批。即工程技术部门负责人（或委托人）→项目主管领导（项目经理或受项目经理授权委托的负责人）；
2.出库退库时间采用 24h 制。

领用审核签字		实际消耗审核签字	
1.工程技术部门负责人（或委托人）：		现场施工当班负责人：	
2.项目主管领导：		现场施工当班安全员：	
领用人（爆破员签字）：		退料人（爆破员签字）：	
出库时间：　年　月　日　时　分		退库时间：　年　月　日　时　分	
保管员：	押运人员：	押运人员：	保管员：

危险源告知(明白)**卡**

附表14
蒙交安表12

<table>
<tr><td rowspan="5">单位概况</td><td>名称</td><td colspan="2"></td><td colspan="2">地址</td><td colspan="3"></td></tr>
<tr><td>所属合同段</td><td colspan="2"></td><td colspan="2">联系电话</td><td colspan="3"></td></tr>
<tr><td>项目经理</td><td></td><td>分管经理</td><td colspan="2"></td><td colspan="2">安全部长</td><td></td></tr>
<tr><td>从业人数</td><td colspan="3"></td><td colspan="2"></td><td colspan="2"></td></tr>
<tr><td>执证情况</td><td colspan="3"></td><td colspan="2"></td><td colspan="2"></td></tr>
<tr><td rowspan="2">隐患情况</td><td>隐患部位
（桩号）</td><td colspan="7"></td></tr>
<tr><td>隐患部位主要
隐患及可能
发生的问题</td><td colspan="7"></td></tr>
<tr><td colspan="2">责任人及联系方式</td><td colspan="7">年 月 日</td></tr>
<tr><td colspan="2">被告知人签字</td><td colspan="7">年 月 日</td></tr>
</table>

注：1.告知卡由各施工单位填写，总监办、建管办审查督办，报自治区指挥部备案，一式三份。

2.风险告知卡要向危险部位作业人员进行告知，并留有告知签字记录。

3.应根据不同施工部位、不同时间阶段存在的不同风险源向作业人员分别进行告知。

应急预案演练情况记录表

附表 15
蒙交安表 13

应急名称		演练时间	年　月　日　时
演练地点		参加人数	
主管部门		记录人	
演练情况记录：			
参加人员签名：			

注：参加人员签名可用签单作附件。

电工定期检查、维修、保养记录表

附表 16
蒙交安表 14

日期	年　月　日　时	天气情况		工作类别	
检查(或维修、保养)内容、存在问题、处理情况及处理结果等详细情况：					
有关问题及建议： 电工签名： 日期：　年　月　日					

安全隐患处理意见书编号		发出日期	
项目经理		技术负责人	

交通建设工程安全生产事故快报表

附表 17
蒙交安表 15
表　　号：交质监 31 表
制定机关：交通运输部
批准机关：国家统计局
批准文号：国统制〔2012〕131 号

填报单位（签章）：　　　　　　　　　　　　　　　　　　　　　有效期至：　　　年　月

一、事故基本情况			
事故发生日期与时间	年　月　日　时　分	天气气候	□□
工程分类及等级、建设类型	□□ □□ □□	工程名称 及所在地	
事故发生部位及作业环节	□□ □□	事故类别	□□
工程概况			
事故简要经过和抢险救援情况			
事故原因初步分析			
预估直接经济损失（万元）			

二、从业单位基本信息			
建设单位		设计单位	
施工单位		监理单位	

三、事故人员伤亡情况							
	计量 单位	合计	管理 人员	技术 人员	企业聘用工人	非本企业 劳务人员	其他 人员
甲	乙	1	2	3	4	5	6
死亡人数	人						
其中：现场死亡人数	人						
失踪人数	人						
受伤人数	人						
其中：重伤人数	人						

单位负责人：　　　填表人：　　　联系电话：　　　填报时间：　　　　　　年　月　日　时　分

注：本表和表指标解释及填报说明应根据交通运输部质量监督局的规定及时更新。

交质监 31 表（附表 17）指标解释及填报说明

一、本表填报范围为全国公路水运工程项目。

二、填报说明：

1.事故发生时间：具体填写为年、月、日、时、分，采用 24 小时制。

2.工程名称及所在地：工程名称填写发生事故的具体项目名称（包括路线或港区名称，标段号及桩号，为结构物或场所时需填写具体名称）；所在地为发生事故地点所在行政区域，填写至县级（区、市、旗）。

3.工程分类及等级、建设类型：

（1）工程分类：公路工程：01 路基及边坡、02 基层或路面、03 桥梁、04 隧道、05 交通安全设施、06 三大系统工程、07 绿化工程、08 服务区及收费亭工程、09 附属临时工程（办公生活区、拌和场、预制场、材料加工场、便道(包含便桥和临时码头)、10 其他公路工程;水运工程:11 港口工程、12 独立船闸工程、13 航道疏浚整治工程(不含船闸工程)、14 修造船水工工程、15 防波堤和导流堤等水工工程、16 航电枢纽工程、17 吹填造陆及软基处理工程、18 附属临时工程[办公生活区、拌和场、预制场、材料加工场、便道(包含便桥和临时码头)]、19 其他水运工程。

(2)工程等级:公路按照现行《公路工程技术标准》(JTG B01—2014)划分为 01 高速公路、02 一级、03 二级、04 三级、05 四级;水运工程按照现行《内河通航标准》(GB 50139—2014)和现行《海港总体设计规范》(JTS 165—2013)等标准划分为 01 深水码头、02 非深水码头、03 高等级航道、04 非高等级航道、05 其他。

(3)建设类型:01 新建、02 改建、03 扩建、04 拆除、05 加固。

4.天气气候:填写事故发生当天的天气情况:01 晴、02 阴、03 雨、04 雪、05 雾、06 风。

5.事故发生部位:公路工程:01 路基、02 边坡、03 基层或路面、04 桥梁基坑、05 桥梁桩基、06 桥墩(柱、塔)、07 桥梁台帽、08 梁板边沿、09 隧道洞口、10 隧道成洞(完成二衬施工)、11 隧道半成洞(未完成二衬施工)、12 掌子面、13 其他(须注明);水运工程:14 沉箱、15 码头桩基、16 水底、17 水工基坑、18 码头上部、19 防波堤或导流堤、20 护岸、21 港口陆域(吹填造陆和软基处理形成)、22 航道、23 船坞、24 通航建筑物;25 其他(须注明)。通用部位:26 临时办公生活区、27 拌和场、28 预制场(除起重机具等)、29 材料加工场、30 建筑物拆除现场、31 建筑物加固现场、32 桁架结构物、33 房屋建筑物、34 便道便桥、35 临时码头、36 其他(须注明)。

6.事故发生作业环节:01 模板、02 脚手架、03 支架、04 施工机具、05 施工车辆、06 塔吊、07 龙门吊、08 架桥机、09 自行式起重设备、10 施工电梯、11 临时用电箱(线)、12 外电线路、13 危险品、14 施工材料、15 张拉作业、16 拌和作业、17 船上作业、18 水下作业(爆破、焊接、检查等)、19 水上作业、20 水上预制构件吊装、21 水上抛石、22 沉排铺排及充沙袋、23 其他(须注明)。

7.事故类别:按现行国标《企业职工伤亡事故分类》(GB 6441—1986)分为:01 物体打击、02 车辆伤害、03 机械伤害、04 起重伤害、05 触电、06 淹溺、07 灼烫、08 火灾、09 高处坠落、10 坍塌、11 冒顶片帮、12 透水、13 放炮、14 火药爆炸、15 瓦斯爆炸、16 锅炉爆炸、17 容器爆炸、18 其他爆炸、19 中毒和窒息、20 其他伤害(须注明)。

8.工程概况:工程建设情况(包括开工完工时间、建设规模、投资方式、管理方式;如为公路工程,需填写建设里程、桥隧比例等基础数据以及完成情况;如为水运工程,需填写港口建设等级等基础数据以及完成情况);对于不能完整填写的,必须在月报表中续报。

9.事故简要经过和抢险救援情况:要求能够叙述清楚事故发生过程、应急管理、现场处置情况。

10.原因初步分析:初步分析事故发生主要原因。

11.预估直接经济损失:根据现行《企业职工伤亡事故经济损失统计标准》(GB/T 6721—1986)预估经济损失。

12.死亡、失踪、重伤分类:死亡和失踪:在事故发生后 30 天内死亡的(因医疗事故死亡的除外,但必须得到医疗事故鉴定部门的确认),均按死亡事故报告统计。如果来不及在当月统计的,应在下月补报。超过 30 天死亡的,不再进行补报和统计。失踪 30 天后,按死亡进行统计。

重伤:永久性丧失劳动能力及损失工作日等于或超过 105 日的暂时性全部丧失劳动能力伤害。在 30 天内转为重伤的(因医疗事故而转为重伤的除外,但必须得到医疗事故鉴定部门的确认),均按重伤事故报告统计。如果来不及在当月统计,应在下月补报。超过 30 天的,不再补报和统计。

13.死亡、失踪、重伤人员类型:01 管理人员、02 技术人员、03 企业聘用工人、04 非本企业劳务人员、05 其他人员(如与工程项目施工无关人员)。

14.从业单位基本信息:应填报相关从业资质名称、证号和发证机构。施工单位还应注明安全生产许可证号及发证机关,项目经理和专职安全员的姓名及安全考核证书编号。

交通建设工程安全生产事故统计月报表

附表 18
蒙交安表 16
表　　号：交质监 32 表
制定机关：交通运输部
批准机关：国家统计局
批准文号：国统制〔2012〕131 号

填报单位：　　　　　　　　　　年　月　　　　　　　　　　有效期至：　年　月

事故发生时间	工程名称	工程分类及等级、建设类型	事故发生部位及作业环节	事故类别	事故简要经过	初步事故原因	事故直接经济损失（万元）	死亡人数（人）	死亡人员类型	失踪人数（人）	失踪人员类型	受伤人数（人）	受伤人员类型	事故单位名称	事故性质
01	02	03	04	05	06	07	08	09	10	11	12	13	14	15	16
		□□ □□ □□	□□ □□	□□		□□			□□		□□		□□		
		□□ □□ □□	□□ □□	□□		□□			□□		□□		□□		
		□□ □□ □□	□□ □□	□□		□□			□□		□□		□□		

单位负责人：　　　　　　填表人：　　　　联系电话：　　　　　　报出日期：　年　月　日

注：本表和表指标解释及填报说明应根据交通运输部质量监督局的规定及时更新。

交质监 32 表（附表 18）指标解释及填报说明

一、本表填报范围为全国公路水运工程项目。

二、填报说明：

1.事故简要经过：主要填写事故发生经过、原因分析、事故教训、防范措施、救援情况、结案处理情况及其他要说明的情况。

2.初步事故原因：按现行国标《企业职工伤亡事故分类》（GB 6441—1986）分为：01 技术和设计有缺陷、02 设备设施工具附件有缺陷、03 安全设施缺少或有缺陷、04 生产场所环境不良、05 个人防护用品缺少或有缺陷、06 没有安全操作规程或不健全、07 违反操作规程或劳动纪律、08 劳动组织不合理、09 对现场工作缺乏检查或指挥错误、10 教育培训不够缺乏安全操作知识、11 施救不当、12 其他（须注明）。

3.事故直接经济损失（含人员伤亡、工程损失和机械损失）：人员伤亡损失按现行《企业职工伤亡事故经济损失统计标准》（GB/T 6721—1986）进行计算。

4.事故单位名称：填报相关从业资质名称、证号和发证机构。施工单位还应注明安全生产许可证号及发证机关，项目经理和专职安全员的姓名及安全考核证书编号。

5.事故性质：应填写责任事故，非责任事故，自然灾害事故。

6.事故发生时间、工程名称、工程分类及等级、建设类型、事故发生部位及环节、事故类别、死亡、失踪、受伤（指重伤人员）人员类型参照交质监 31 表填写说明填写。

安全规章制度台账

附表19
蒙交安台01

序号	制度制订时间	制 度 名 称	编号	备　　注

“三类人员”管理台账

附表20
蒙交安台02

<table>
<tr><th colspan="2">类别</th><th>姓名</th><th>进场日期</th><th>身份证号</th><th>技术职称</th><th>安全证书编号</th><th>发证部门</th><th>发证日期</th><th>复审时间</th><th>退场日期</th><th>备注</th></tr>
<tr><td rowspan="4">项目负责人</td><td>项目经理</td><td></td><td></td><td></td><td></td><td></td><td></td><td></td><td></td><td></td><td></td></tr>
<tr><td>项目副经理</td><td></td><td></td><td></td><td></td><td></td><td></td><td></td><td></td><td></td><td></td></tr>
<tr><td>安全负责人</td><td></td><td></td><td></td><td></td><td></td><td></td><td></td><td></td><td></td><td></td></tr>
<tr><td>技术负责人</td><td></td><td></td><td></td><td></td><td></td><td></td><td></td><td></td><td></td><td></td></tr>
<tr><td colspan="2">专职安全员</td><td></td><td></td><td></td><td></td><td></td><td></td><td></td><td></td><td></td><td></td></tr>
</table>

项目经理签名：　　　　　　　　填表人：　　　　　　　　日期：　　　年　　月　　日

注：1.三类人员的身份证、安全证书等复印件依次装订成册，与本表同时归档。

2.备注栏应注明人员专职分工等。

3.本表由专职安全员进行登记，人员发生变化随时更新。

安全会议台账

附表21
蒙交安台03

序号	会议主要内容	参会人数	记录表编号

安全检查台账

附表22
蒙交安台04

序号	检查时间	被检查单位	检查主要内容 及存在的主要问题	整改要求 及处理意见	记录表编号

安全教育培训台账

附表 23

蒙交安台 05

序号	培训时间	培训主要内容	主办机构	记录表编号

安 全 交 底 台 账

附表 24

蒙交安台 06

序号	交底时间	交 底 内 容	交底人姓名	记录表编号

安全“再教育”台账

附表 25
蒙交安台 07

序号	姓名	“再教育”时间	内 容

安全检查、整改台账

附表 26
蒙交安台 08

序号	检查日期	检查类别	通知书编号	隐患或危险因素情况描述（通知书附后）	整改措施	整改期限	整改责任人	整改落实情况安全员自查			反馈情况	登记人
								自查日期	整改情况	检查人		

安全责任书、协议登记台账

附表 27
蒙交安台 09

序号	姓名(部门或单位名称)	签订时间	备注

设备进场验收登记台账

附表 28
蒙交安台 10

序号	设备名称	规格型号	检验检查机构	取证时间	证书编号	年检情况	是否报备	进场时间	离场时间

注:有关证明材料、图片资料等附后。

特种设备进场验收登记台账

附表 29
蒙交安台 11

序号	设备名称	规格型号	产品合格证	使用地点	安装单位	检测单位验收情况	验收或检测日期	登记日期	登记部门	操作责任人	验收人	备注

项目经理签字： 填表人： 日期： 年 月 日

注：1.本表由机械、设备管理人对进场设备进行查验后登记，设备安装、验收、登记等环节完成后随时补充。

2.设备出厂合格证明、验收检测资料等应依次装订成册。停用或已拆除设备在备注栏说明。

3.由项目部物资设备部负责统计、登记。

特种设备维修、保养台账

附表 30

设备名称： 蒙交安台 12

序号	维修		保养		备注
	时间	部位	时间	部位	

作业人员登记(台账)表

附表 31
蒙交安台 13

序号	姓名及身份证号	进场时间	岗前教育培训时间	交底时间(工序转换、转岗、重新上岗等)								离场时间
				第一次		第二次		第三次		…		
				交底原因	时间	交底原因	时间	交底原因	时间	交底原因	时间	

注:作业人员教育培训、交底有多次的,可根据实际情况对表格进行补充,并说明培训、交底的主要原因。

特种作业人员登记(台账)表

附表 32
蒙交安台 14

序号	姓名	身份证号	工种	培训机构	发证机构	取证时间	证书编号	年检情况	进场时间	培训情况	交底情况	离场时间

劳动防护用品使用管理台账

附表 33

蒙交安台 15

序号	领用日期	物品名称	领用数量	用途	使用地点	领用人	批准人	保管责任人	备注	登记人

注:本表由专职安全员进行登记更新。

安全生产经费投入统计(台账)表

(年度)

附表 34

蒙交安台 16

发生期间	完善、改造和维护安全防护设备、设施支出	配备、维护、保养应急救援器材、设备和应急演练支出	安全生产检查与评价支出	重大风险源、重大事故隐患的评估、整改、监控支出	安全技能培训、宣传以及新材料、新技术、新工艺的推广、安全设施及特种设备检验支出	其他与安全生产直接相关的支出	合计
1 月							
2 月							
3 月							
4 月							
5 月							
6 月							
7 月							
8 月							
9 月							
10 月							
11 月							
12 月							
合计							

填表人:　　　　　　　　　　　　　　　　日期:　　年　　月　　日

注:1.本表后应附各项费用支出的分计明细。

2.本表应由专职安全员进行填写。

消防器材、危险品使用管理台账

附表 35

蒙交安台 17

序号	领用日期	物品名称	领用数量	用途	使用地点	领用人	批准人	保管责任人	备注	登记人

注:本表由专职安全员进行登记。

起重设备试吊登记台账

附表 36

蒙交安台 18

序号	设备名称	进场时间	试吊时间	备　　注

安全专项施工方案台账

附表 37
蒙交安台 19

序号	专项方案名称	审查情况及审查时间	是否经专家评审	备注

应急救援预案管理台账

附表 38
蒙交安台 20

序号	编制日期	预案名称	演练计划	审查情况		演练次数	演练时间
				审查日期	是否通过评审(编号)		

附表 39

蒙交安台 21

事故报表登记台账

序号	发生时间地点	事故基本情况	伤亡情况	是否报告	备注

注：有关证明材料、图片资料附后。

附表 40

蒙交安台 22

安全生产事故处理台账

序号	发生时间地点	事故处理情况	事故定性情况	备注

安全监理工作台账

附表 41
蒙交安台 23

序号	安全监理工作内容	处 理 措 施	处理结果	备注

安全监理指令台账

附表 42
蒙交安台 24

序号	时　　间	指令编号与内容	整改回复情况	备注

安全监理专项方案审查台账

附表 43
蒙交安台 25

序号	标　　段	专项方案名称	审查情况	审查时间

安全管理文件登记台账

附表 44
蒙交安台 26

<table>
<tr><th>序号</th><th>文件作者</th><th>文件标题</th><th>文件日期</th><th>收发文号</th><th>页码</th></tr>
<tr><td rowspan="2"></td><td rowspan="2"></td><td rowspan="2"></td><td rowspan="2"></td><td>来：</td><td></td></tr>
<tr><td>发：</td><td></td></tr>
<tr><td rowspan="2"></td><td rowspan="2"></td><td rowspan="2"></td><td rowspan="2"></td><td></td><td></td></tr>
<tr><td></td><td></td></tr>
<tr><td rowspan="2"></td><td rowspan="2"></td><td rowspan="2"></td><td rowspan="2"></td><td></td><td></td></tr>
<tr><td></td><td></td></tr>
<tr><td rowspan="2"></td><td rowspan="2"></td><td rowspan="2"></td><td rowspan="2"></td><td></td><td></td></tr>
<tr><td></td><td></td></tr>
<tr><td rowspan="2"></td><td rowspan="2"></td><td rowspan="2"></td><td rowspan="2"></td><td></td><td></td></tr>
<tr><td></td><td></td></tr>
<tr><td rowspan="2"></td><td rowspan="2"></td><td rowspan="2"></td><td rowspan="2"></td><td></td><td></td></tr>
<tr><td></td><td></td></tr>
<tr><td rowspan="2"></td><td rowspan="2"></td><td rowspan="2"></td><td rowspan="2"></td><td></td><td></td></tr>
<tr><td></td><td></td></tr>
<tr><td rowspan="2"></td><td rowspan="2"></td><td rowspan="2"></td><td rowspan="2"></td><td></td><td></td></tr>
<tr><td></td><td></td></tr>
<tr><td rowspan="2"></td><td rowspan="2"></td><td rowspan="2"></td><td rowspan="2"></td><td></td><td></td></tr>
<tr><td></td><td></td></tr>
</table>

附录 B

附 图

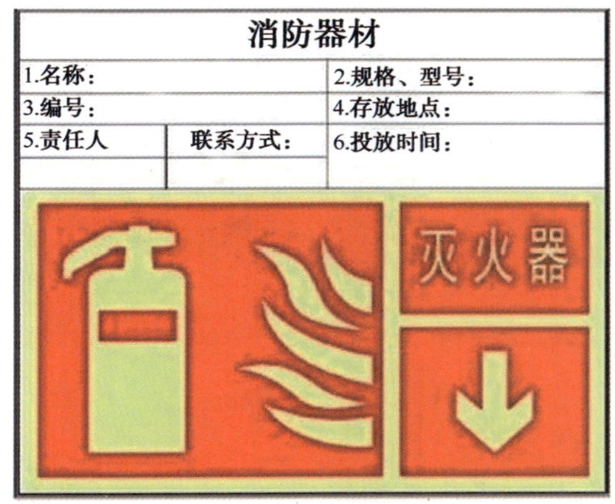

附图 1 消防标志和标牌

附图 2 驻地内配置的消防设施

附图 3 钢筋加工场封闭式管理

附图 4 钢筋加工按工序分区并标识

附图 5 高陡边坡施工防护

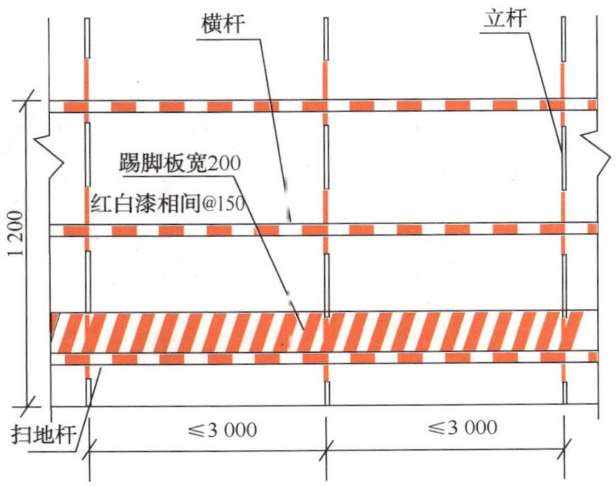

附图 6 防护栏示意(尺寸单位:mm)

附图 7　泥浆池的防护

附图 8　挖孔桩防护

附图 9　桥梁墩柱施工搭设脚手架、作业平台

附图 10　隧道逃生钢管

附图 11　隧道洞口管理

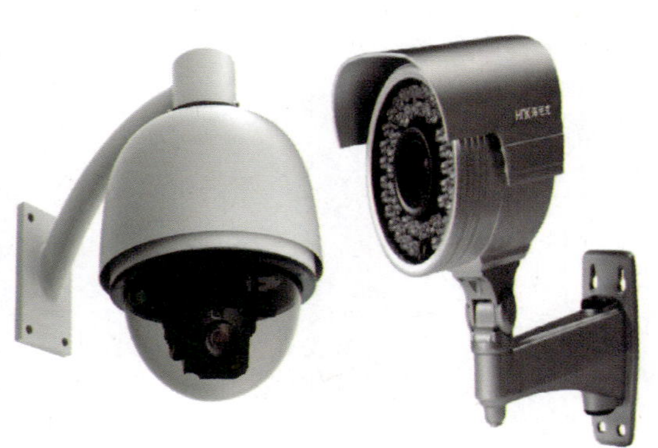

附图 12　隧道电子管理系统

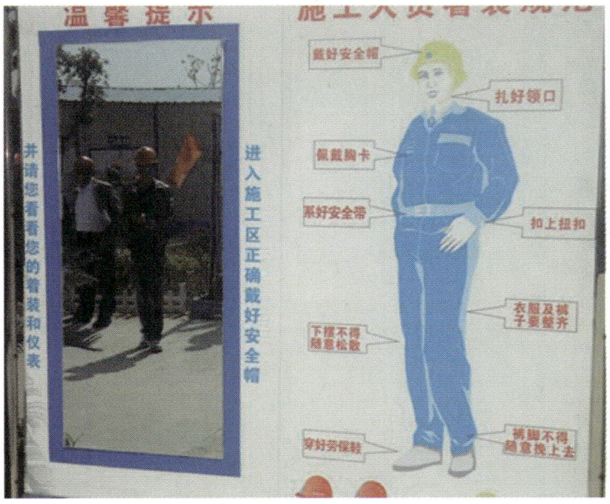

附图 13 安全镜

附图 14 安全讲评台

附图 15 隧道通风

附图 16 隧道应急照明

附图 17 隧道施工照明

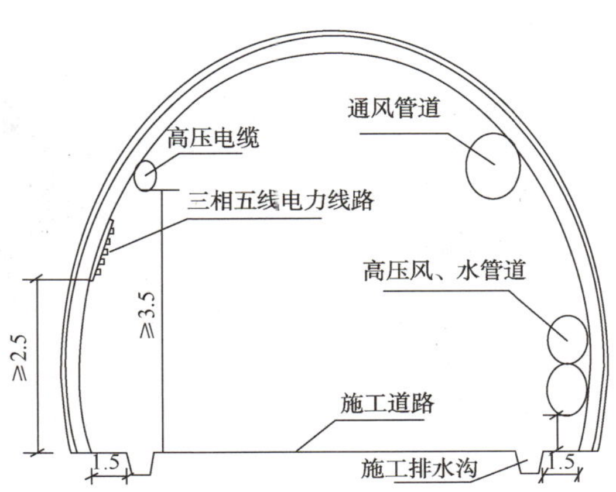

附图 18 隧道“三管两线”布置示意(尺寸单位:m)

附图 19　台车安全标牌

附图 20　门洞式通道的支架工程

附图 21　变压器和配电房安全防护

禁止吸烟

A-1

禁止烟火

A-2

禁止带火种

A-3

附图 22

 禁止放易燃物 A-4	 禁止用水灭火 A-5	 禁止阻塞 A-6
 禁止启动 A-7	 禁止合闸 A-8	 禁止攀登 A-9
 禁止靠近 A-10	 禁止入内 A-11	 禁止停留 A-12
 禁止通行 A-13	 禁止乘人 A-14	 禁止跨越 A-15

附图 22

禁止跳下
A-16
禁止触摸
A-17
禁止伸入
A-18
禁止抛物
A-19
化纤
禁止穿化纤服装
A-20
禁止穿带钉鞋
A-21
40
限速40km
A-22
3.5m
限高3.5m
A-23
3m
限宽3m
A-24
10t
限重10t
A-25
禁止饮用
A-26
禁止曝晒
A-27

附图 22

禁止掉落焊花 A-28	禁止翻越 A-29	禁止向水中 排放泥浆 A-30
禁止倾倒垃圾 A-31	禁止排放油污 A-32	施工重地 闲人免进 A-33
机房重地 闲人免进 A-34	锅炉重地 闲人免进 A-35	

附图 22　禁止标志

 注意安全 B-1	 当心火灾 B-2	 当心触电 B-3

附图 23

当心电缆
B-4
当心吊物
B-5
当心弧光
B-6
当心机械伤人
B-7
当心坑洞
B-8
当心落物
B-9
当心塌方
B-10
注意防尘
B-11
当心有害气体中毒
B-12
当心扎脚
B-13
当心坠落
B-14
当心冒顶
B-15

附图 23

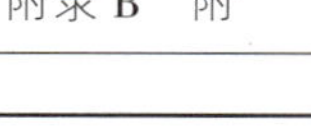

B-16

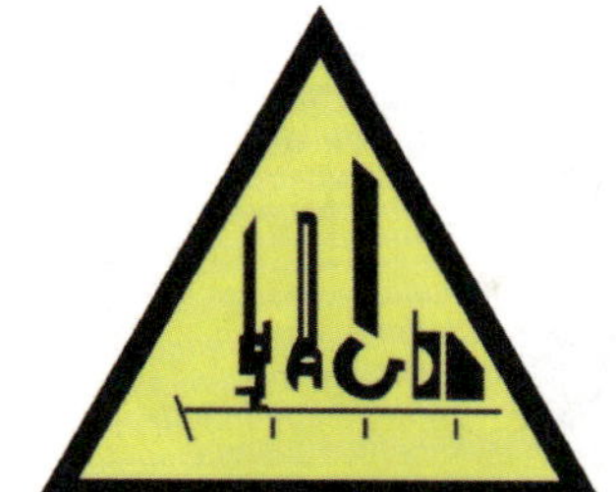

B-17

B-18

B-19

B-20

B-21

B-22

高压危险

B-23

前方施工
减速慢行

B-24

进入施工现场
请减速慢行

B-25

附图23 警告标志

必须戴防护眼镜
C-1
必须戴防护面罩
C-2
必须戴防尘口罩
C-3
必须戴防毒面具
C-4
必须戴护耳器
C-5
必须戴安全帽
C-6
必须穿防护鞋
C-7
必须穿救生衣
C-8
必须系安全带
C-9
必须穿防护服
C-10
必须戴防护手套
C-11
必须洗手
C-12

附图 24

C-13

C-14

C-15

C-16

C-17

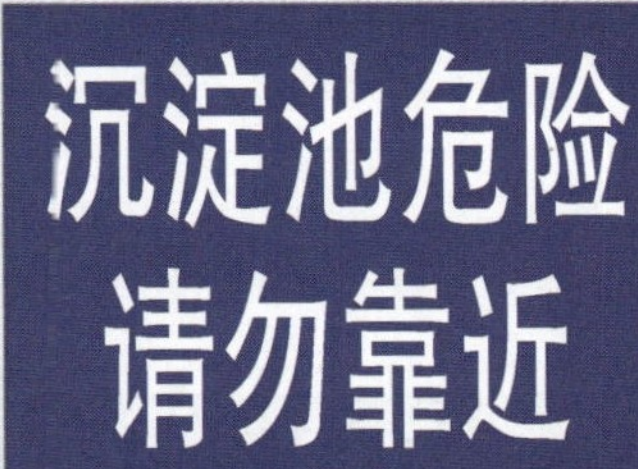

C-18

张拉危险
请勿靠近

C-19

基坑危险
请勿靠近

C-20

必须系安全绳

C-21

附图 24 指令标志

D-1

D-2

D-3

附图 25

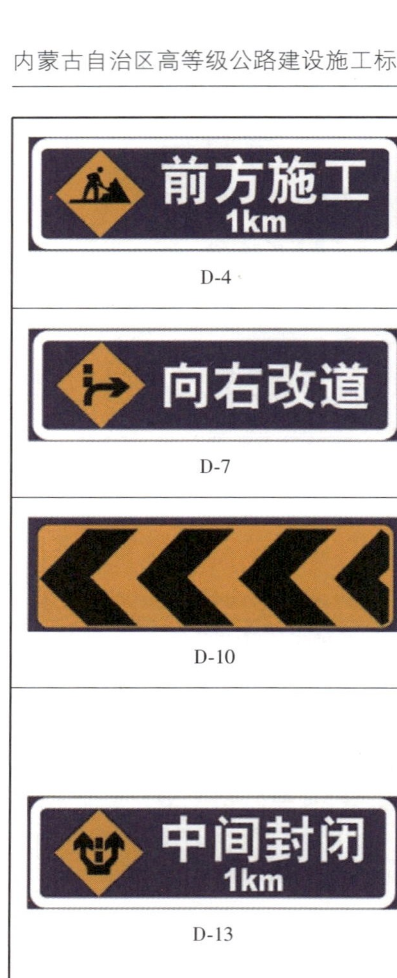

D-4

D-5

D-6

D-7

D-8

D-9

D-10

D-11

D-12

D-13

清洗区

D-14

复耕土存放处

D-15

氧气存放处

D-16

乙炔存放处

D-17

废旧物品存放处

D-18

弃土场

D-19

取土场

D-20

附图 25

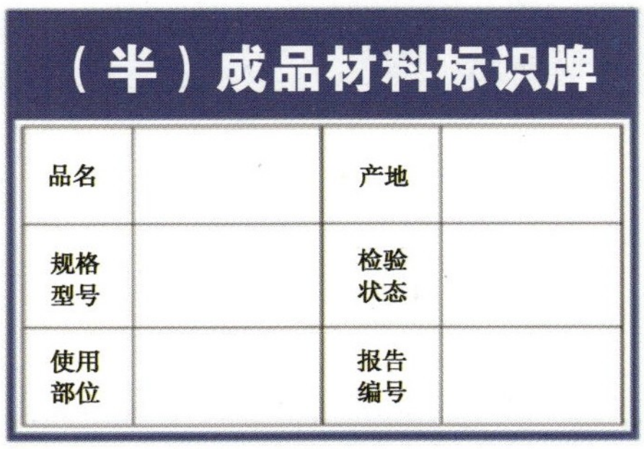

（半）成品材料标识牌

品名		产地	
规格型号		检验状态	
使用部位		报告编号	

D-21

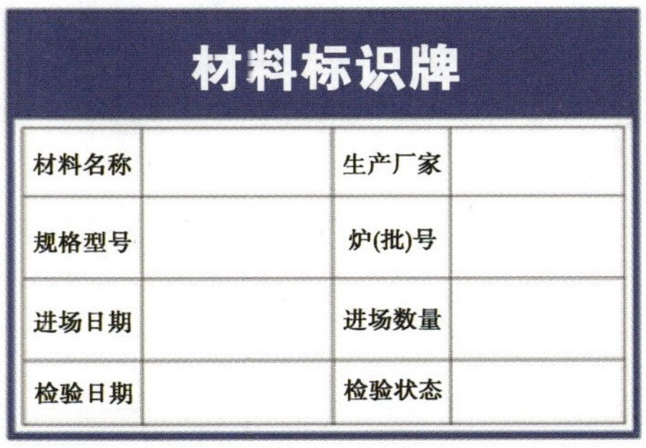

材料标识牌

材料名称		生产厂家	
规格型号		炉(批)号	
进场日期		进场数量	
检验日期		检验状态	

D-22

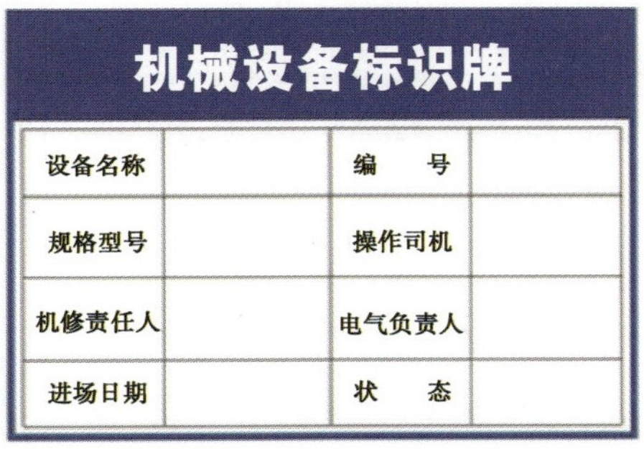

机械设备标识牌

设备名称		编　号	
规格型号		操作司机	
机修责任人		电气负责人	
进场日期		状　态	

D-23

D-24

D-25

附图 25　提示标志

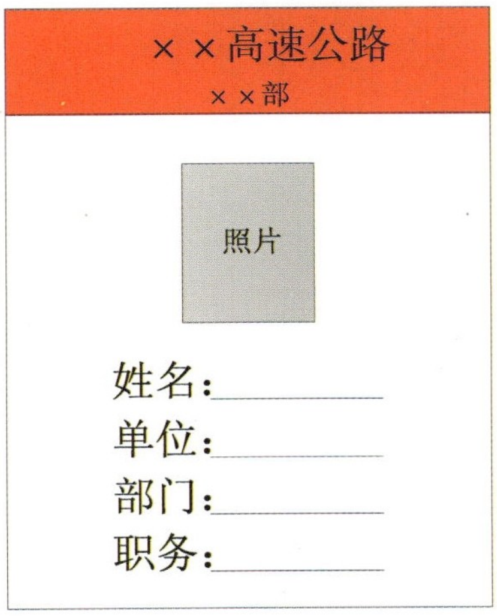

××高速公路

××部

照片

姓名：＿＿＿＿

单位：＿＿＿＿

部门：＿＿＿＿

职务：＿＿＿＿

E-1

安全员

E-2

E-3

附图 26

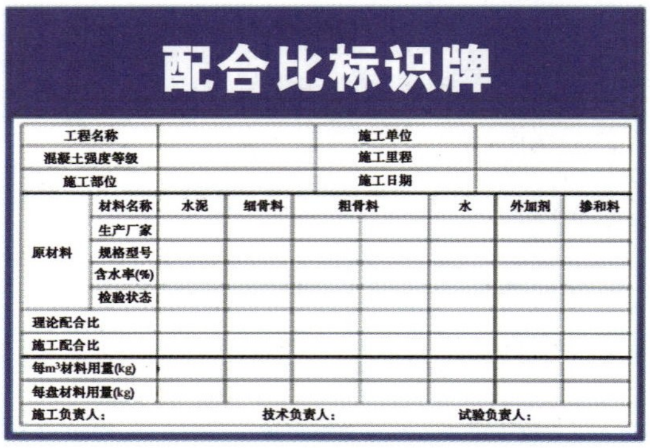

配合比标识牌

工程名称				施工单位				
混凝土强度等级				施工里程				
施工部位				施工日期				
原材料	材料名称	水泥	细骨料	粗骨料		水	外加剂	掺和料
	生产厂家							
	规格型号							
	含水率(%)							
	检验状态							
理论配合比								
施工配合比								
每m^3材料用量(kg)								
每盘材料用量(kg)								
施工负责人：			技术负责人：			试验负责人：		

E-4

值班人员公示牌

E-5

安全资格公示牌

E-6

当日重大危险源公示牌

E-7

进洞须知牌

E-8

应急救援流程图

E-9

附图 26

CFG桩施工工艺流程图 E-10	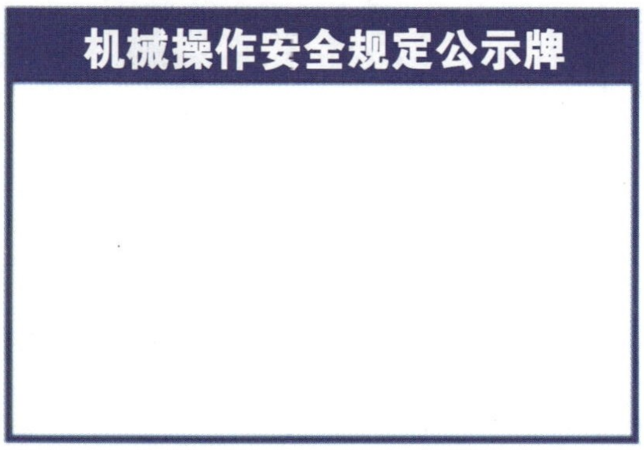 机械操作安全规定公示牌 E-11
 安全知识宣传牌 E-12	 出入隧道人员显示牌 E-13
 工程概况牌 E-14	 工程公示牌 E-15
 施工平面布置图 E-16	 安全质量环保目标公示牌 E-17

附图26

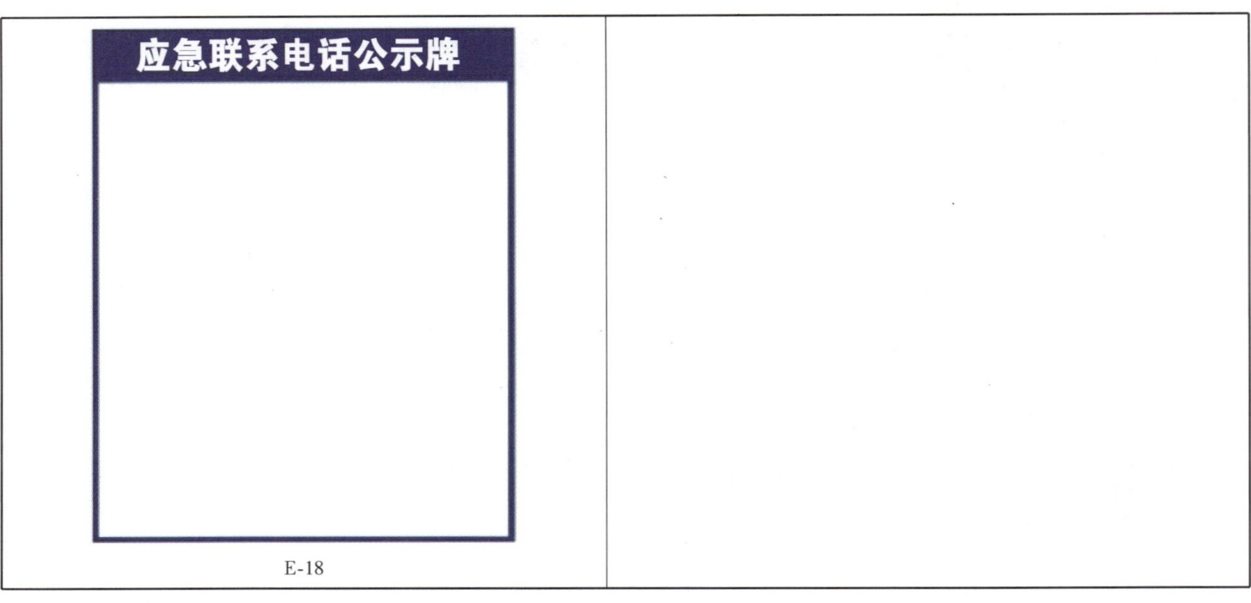

附图 26　明示标志

附图 27　文字辅助标志横写

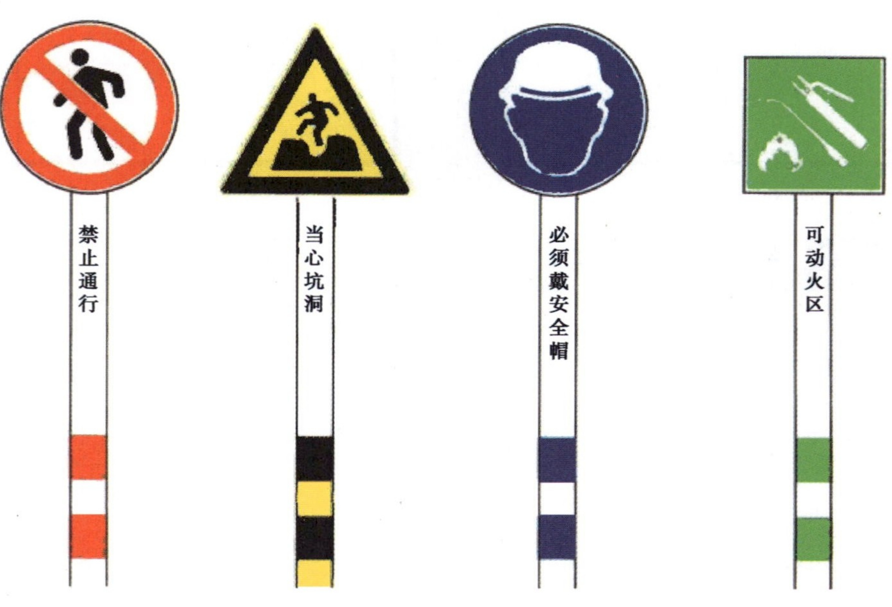

附图 28　文字辅助标志竖写